Mohammed El Amine Boukli Hacene
Nasr Eddine Chabane Sari

L'habitat écologique et ses différents aspects

Mohammed El Amine Boukli Hacene
Nasr Eddine Chabane Sari

L'habitat écologique et ses différents aspects

Aspects énergétiques, économiques et environnementaux d'une Habitation Ecologique

Presses Académiques Francophones

Impressum / Mentions légales

Bibliografische Information der Deutschen Nationalbibliothek: Die Deutsche Nationalbibliothek verzeichnet diese Publikation in der Deutschen Nationalbibliografie; detaillierte bibliografische Daten sind im Internet über http://dnb.d-nb.de abrufbar.

Alle in diesem Buch genannten Marken und Produktnamen unterliegen warenzeichen-, marken- oder patentrechtlichem Schutz bzw. sind Warenzeichen oder eingetragene Warenzeichen der jeweiligen Inhaber. Die Wiedergabe von Marken, Produktnamen, Gebrauchsnamen, Handelsnamen, Warenbezeichnungen u.s.w. in diesem Werk berechtigt auch ohne besondere Kennzeichnung nicht zu der Annahme, dass solche Namen im Sinne der Warenzeichen- und Markenschutzgesetzgebung als frei zu betrachten wären und daher von jedermann benutzt werden dürften.

Information bibliographique publiée par la Deutsche Nationalbibliothek: La Deutsche Nationalbibliothek inscrit cette publication à la Deutsche Nationalbibliografie; des données bibliographiques détaillées sont disponibles sur internet à l'adresse http://dnb.d-nb.de.

Toutes marques et noms de produits mentionnés dans ce livre demeurent sous la protection des marques, des marques déposées et des brevets, et sont des marques ou des marques déposées de leurs détenteurs respectifs. L'utilisation des marques, noms de produits, noms communs, noms commerciaux, descriptions de produits, etc, même sans qu'ils soient mentionnés de façon particulière dans ce livre ne signifie en aucune façon que ces noms peuvent être utilisés sans restriction à l'égard de la législation pour la protection des marques et des marques déposées et pourraient donc être utilisés par quiconque.

Coverbild / Photo de couverture: www.ingimage.com

Verlag / Editeur:
Presses Académiques Francophones
ist ein Imprint der / est une marque déposée de
AV Akademikerverlag GmbH & Co. KG
Heinrich-Böcking-Str. 6-8, 66121 Saarbrücken, Deutschland / Allemagne
Email: info@presses-academiques.com

Herstellung: siehe letzte Seite /
Impression: voir la dernière page
ISBN: 978-3-8381-7326-9

Aspects énergétiques, économiques et environnementaux d'une Habitation Ecologique

Mots Clés :

Energie,

Ecologie,

Aspect Economique,

Architecture Bioclimatique,

Isolation.

Résumé :

Face aux risques importants concernant les approvisionnements énergétiques et le changement climatique, il est impératif de s'orienter actuellement vers des solutions plus durables, ne présentant pas les inconvénients des énergies fossiles, en termes d'épuisement des ressources ou d'émissions de gaz à effet de serre.

Sachant que le secteur de l'habitat représente 45% de la dépense énergétique globale de l'Algérie (devant le secteur des transports) et le quart du dioxyde de carbone rejeté dans l'atmosphère, et au regard de nos engagements internationaux (accords internationaux : Kyoto, Rio de janeiro, Barcelone, Copenhague), il s'avère indispensable que le bâtiment ne soit plus un simple consommateur d'énergie mais devienne un producteur participant ainsi à son autonomie. Et c'est dans ce contexte, que le gouvernement algérien entend réaliser 3 mille logements écologiques et la rénovation thermique de 4 mille autres logements existants dans le cadre du programme quinquennal 2010/2014, et ceci en application loi 99.09 relative à la maîtrise de l'énergie dans le secteur du bâtiment, et du décret exécutif n°2000-90 portant réglementation thermique dans les bâtiments neufs.

De notre coté, notre nécessité de respecter notre environnement, est plus que jamais un devoir, c'est dans ce contexte que s'inscrit l'une des mesures essentielles, qui n'est autre que la construction écologique ou passive ; d'où l'objectif serait de privilégier le confort thermique tout en contribuant aux économies d'énergie

Le but de notre projet est d'optimiser des solutions intégrées à l'enveloppe d'un bâtiment et fournissant simultanément l'énergie dans toutes ses formes, le travail consiste à rechercher les meilleurs moyens pour un rendement positif et efficace tant sur le plan énergétique, qu'économique et environnemental ; lors d'une construction d'une maison écologique en comparaison avec une maison classique. Et ceci en utilisant des matériaux de longue durée de vie, respectant l'environnement, à faible rejet de gaz a effets de serre et à faible coefficient de transmission thermique (comme le chanvre, bois, liège, cellulose). L'orientation architecturale doit tenir compte du rayonnement solaire en été comme en hiver. Pour le bilan énergétique nous utilisons la GSHP (Ground Source Heat Pump qui tient compte de la température du sol) comme système de chauffage et de refroidissement, et le comparer avec celui des anciens systèmes. Enfin le bilan économique sera établi en fonction du budget investi et son temps de retour comme bénéfice c'est-à-dire un rendement positif, en comparant les budgets déployés dans une maison classique et une maison écologique.

Energy, economic, and environmental aspects of an ecological dwelling (House)

Key words:

Energy,

Ecology,

Economic aspect,

Bioclimatic Architecture,

Insulation.

Abstract:

Observe significant risks for energy supply and climate change, it is imperative to move towards being more sustainable solutions, do not have the disadvantages of fossil fuels in terms of resource depletion or gas emissions greenhouse effect.

Knowing that the housing sector represents 45% of total energy expenditure of Algeria (to transport) and a quarter of carbon dioxide released into the atmosphere, and with regard to our international commitments (agreements : Kyoto, Rio de Janeiro, Barcelona, Copenhagen), it is essential that the building is no longer a mere consumer of energy, but become a producer and participant in its autonomy. It is in this context, the Algerian government intends to achieve 3000 housing and ecological renovation thermal 4000 other existing homes in the five-year 2010/2014, and this under Law 99.09 on the control of energy in the building sector, and Executive Order No. 2000-90 regulating heat in new buildings.

On our side, we need to respect our environment, more than ever a duty is in this context that one of the key measures, which is nothing but green building or passive, hence the goal would be to focus on the thermal comfort while contributing to energy savings

The aim of our project is to optimize integrated solutions to the building envelope and simultaneously providing energy in all its forms, the work is to find the best ways to yield positive and effective both energy , economic and environmental in a building a green home compared to a conventional house. And this by using materials of durable, environmentally friendly, low-gas emissions greenhouse effect and a low coefficient of heat transfer (such as hemp, wood, cork, cellulose). The architectural direction must take into account the solar radiation in summer and winter. For the energy balance we use the GSHP (Ground Source Heat Pump that takes into account soil temperature) as heating and cooling, and compare it with that of previous systems. Finally, the economic results will be based on budget and time invested back as profit is to say a positive return, comparing budgets deployed in a conventional house and a home environment.

Tables des Notations et Symboles

λ	La Conductivités thermiques utiles de chaque matériau [W/m. °C]
U	Le coefficient de transmission thermique [W/m². °C] ou [W/m².K]
IRDRH	Irradiation du rayonnement global direct [W/m²]
IRDFH	Irradiation du rayonnement global diffus [W/m²]
T air	Température de l'air [°C]
Vit. Vent	Vitesse du Vent [m/s]
Hum. Rel	Humidité Relative [%]
Tc	La température intérieure de confort [°C]
Tm	La température extérieure moyenne [°C]
Temax	La température maximale journalière [°C]
Temin	La température minimale journalière [°C]
T_0	Température ambiante [°C]
E_w	Energie finale pour un chauffage [kWh]
Q_w	Besoins en chaleur [kWh]
Q_v	Somme des pertes en chaleur [kWh]
Q_h	Besoins pour le chauffage [kWh]
Q_{ww}	Besoins pour l'eau chaude [kWh]
Q_t	Besoins en chaleur par transmission [kWh]
Q_l	Besoins en chaleur par ventilation [kWh]
Q_g	Apports en chaleur [kWh]
Q_f	Chaleur interne et externe [kWh]
f_g	Taux d'utilisation de la chaleur [%]
$Q_{t\,i}$	Pertes par élément 'toiture, paroi, fenêtre, plancher' [kWh]
A_i	Surface de l'élément [m²]
k_i	Facteur k de l'élément [W/m².K]
TCH	Taux de chauffage [K x jour/an]
Q_s	Apports par énergie solaire [kWh]
Q_p	Apports par les occupants [kWh]

Q_e	Apports par les équipements électriques [kWh]
RH	Rayonnement global par jour de chauffage [W/m²]
fb	Facteur de réduction (ombrage et poussière)
g	Taux global de transmission [%]
fr	Surface du vitrage (sans cadre) [m²]
Af	Surface des fenêtres [m²]
C_p	Chaleur dégagée par occupant [W/occupant]
P	Nombre d'occupant
h_p	Présence par jour [h/jour]
NJC	Nombre de jours chauffés [jours/an]
E_e	Consommation d'électricité [kWh/m²an]
f_e	Facteur de réduction.
Dj	Degrés Jours [Jours.°C]
DBP	Les déperditions de base par transmission de chaleur [W/°C]
DBR	Les déperditions de base par renouvellement d'air [W/°C]
G	Coefficient de déperditions volumiques [W/m³ °C]
Vh	Volume de la Maison [m³]
G_{tj}	Flux de chaleur solaire radiative totale pour le j^{ème} mur ou plafond [W/m²]
h_0	Coefficient de transmission de chaleur de la surface extérieure [W/m² K]
$T_{sol\,j}$	Température sol-air e pour le j^{ème} mur ou plafond [°C]
T_0	Température extérieure [C]
α	Coefficient d'absorption pour le rayonnement solaire
L_{tj}	Différence entre la longueur d'onde du rayonnement de l'environnement et la longueur d'onde du rayonnement émis pour le mur du bâtiment
ε	Coefficient d'émissivité pour le rayonnement thermique
G_T	Rayonnement total sur la surface inclinée
G_b	Rayonnement de faisceau sur la surface horizontale
G_d	Rayonnement diffus sur la surface horizontale
G	Rayonnement total sur la surface horizontale
β	Angle d'inclinaison de la surface
ρg	Réflectivité diffuse de la terre
θ	Angle d'incidence, l'angle entre le rayonnement du faisceau sur la surface et la normale à la surface

Symbole	Description
θ_z	Angle du zénith, l'angle entre la verticale et la ligne avec le soleil
A	Aire/Superficie de chaque [m²]
C_a	Chaleur spécifique de l'air de la pièce [J/Kg K]
h	L'intervalle du temps [h]
h_0	Coefficient de transmission thermique externe [W/m².K]
hi	Coefficient de transmission thermique Interne [W/m².K]
I_d	Radiation solaire diffuse pour une surface horizontale [W/m²]
I_g	Radiation solaire globale pour une surface horizontale [W/m²]
I_T	Radiation solaire pour les surfaces inclinées [W/m²]
K	Conductivité thermique du matériau [W/m.K]
L	Epaisseur de la couche du matériau [m]
M_a	Masse de l'air de la pièce [Kg]
N	Renouvellement d'air par heure [h^{-1}]
n	Nombre d'observations
t	Temps Hivernal [h]
V_a	Volume de l'air de la pièce [m^3]
α	Absorptivité de la surface
β	Renversement de la surface du mur/plafond
ε	Emissivité de la surface
ρ_a	Densité de l'air [Kg m^{-3}]
$T(t,z)$	La température du sol à une profondeur h de la surface [°C]
A_a	L'amplitude de la température de l'air [°C]
A_g	L'amplitude de la température du sol [°C]
T	Le temps sur une année [s]
t_0	La période de variation de la température [s]
d_0	Profondeur de la pénétration de la sonde [m]
z	La profondeur du puits de forage [m]
C	Capacité calorifique volumétrique [J/m^3.k]
Ω	Fréquence angulaire égale à 0.0172 rad/jour
r_b	Rayon du forage [m]
q	Taux d'injection de chaleur par unité de longueur des puits de forage [W/m]
R_b	Résistance thermique [K.m/W]
γ	Nombre d'Euler [0.5772]

∇T Gradient de température (°C/m), dépendant du flux géothermique et la conductivité thermique de la croute terrestre par l'utilisation de l'équation:

$$\nabla T = \frac{q}{\lambda}$$

Sigles Utilisés :

GES	Gaz à Effet de Serre
HPE	Haute Performance Energétique
HQE	Haute Qualité Environnementale
VMC	Ventilation Mécanique Contrôlée
ESC	Eau Chaude Sanitaire
PSD	Plancher solaire direct
PVC	Polychlorure de vinyle
TEP	Tonne Equivalent Pétrole
LBC	Lampes à Basse Consommation
GSHP	Ground Source Heat Pump / Pompe à Chaleur Source Sol
CMO	Cubic Mile of Oil
COP	Coefficient de Performance
PAC	Pompe A Chaleur
TRT	First Thermal Response Test / Première Réponse Thermique du Sol
BHE	Borehol Heat Exchanger / Transfert et échange de chaleur des trous de forage

Table des Matières

Chapitre III
L'évolution de la température dans une maison écologique

Chapitre IV
La Chauffage et refroidissement à l'aide d'une Pompe à chaleur à captage au sol (Pompe à chaleur géothermale) GSHP ('Ground Source Heat Pump')

Chapitre V
Analyse de la première réponse thermique du sol en Algérie

Chapitre VI
Effets du réchauffement climatique sur l'évolution de la température du sol (cas de la ville de Tlemcen en Algérie)

Introduction générale

Pour répondre à la demande en énergie de tous les habitants de la planète, l'offre en énergie doit doubler d'ici 2050. Le doublement est possible grâce à des technologies plus propres et plus efficaces, piliers d'une économie peu carbonée. Dans une publication de l'IEPF [1] relative aux choix énergétiques mondiaux, sont présentés sept domaines dans lesquels il faudra agir dès à présent à cet effet.

Un avenir énergétique durable continuera d'admettre des combustibles fossiles, moyennant une production plus efficace et une gestion plus sérieuse des émissions de gaz à effet de serre. Dans l'hypothèse d'un engagement fort des Etats, doublé d'une bonne collaboration avec le secteur privé, le bouquet énergétique se diversifiera, à condition que les gouvernements s'engagent résolument dans la recherche et le développement et que le secteur privé accepte de collaborer.

Les choix en matière de nouvelles technologies ou sources d'énergie seront conditionnés par la hausse des prix de l'énergie et la fixation d'un prix du carbone suffisamment élevé pour peser sur les décisions, sans pour autant compromettre la croissance économique, notamment dans les pays en développement. Ces choix seront également influencés par l'adoption de normes plus strictes en faveur d'une production d'énergie propre.

Le bouquet énergétique mondial intégrera davantage d'hydroélectricité, de nucléaire (avec une gestion des déchets satisfaisante), de biocarburants, de biomasse et d'autres énergies renouvelables.

L'adoption d'un nouvel accord-cadre pour donner une valeur au carbone est essentielle. Cela dans la mesure où sans une coopération internationale forte et un véritable engagement politique des Etats, les émissions de gaz à effet de serre ne pourront être ni gérées, ni stabilisées, et encore moins réduites.

Etant entendu que chaque région devra élaborer ses politiques en tenant compte des spécificités locales, les sept domaines ci-après ont été identifiés par le Conseil Mondial de l'Energie (CME) [1] dans lesquels il faudra agir dès à présent, en augmentant les investissements dans les infrastructures.

- La promotion de l'efficacité énergétique : cela grâce à tous les moyens possibles tout au long de la chaîne de l'énergie (campagnes de sensibilisation des consommateurs, incitations financières, adoption de normes et réglementations).

- La sensibilisation du public : sur le rôle que peut jouer le secteur des transports pour une utilisation plus efficace de l'énergie, une évolution de l'urbanisme, l'adoption de mesures encourageant l'efficacité énergétique et le progrès technologique.

- La fixation d'un prix mondial du carbone : prix suffisamment élevé pour avoir un impact sur les prix et induire des changements de comportement, mais assez bas pour ne pas remettre en cause une forte croissance économique.

- Une intégration plus étroite des marchés de l'énergie : cela sur le plan régional et mondial, afin de réaliser davantage d'économies d'échelle au niveau de l'offre et de la demande.

- Un dialogue mondial sur la sécurité de l'offre et de la demande : Les régions et les pays consommateurs s'inquiètent de la menace que font peser sur leur niveau de vie les incertitudes de leur approvisionnement en énergie. Mais les pays producteurs se sentent tributaires des aléas de la demande. De nouvelles modalités de coopération internationale s'imposent apportant des garanties de long terme aux deux parties.

- La création d'un nouveau cadre international de transfert de technologies : des pays développés vers les pays en développement, dans le respect de la propriété intellectuelle, la prise en compte des priorités énergétiques dans la mise en œuvre des technologies en favorisant les transferts des compétences.

- Un cadre fiscal, juridique et commercial adéquat : à même de limiter les risques pour les investisseurs et permettre de disposer d'anticipations réalistes e risques et de rentabilité.

De notre coté, notre nécessité de respecter notre environnement, est plus que jamais un devoir, chacun de son coté doit agir afin de trouver des solutions considérable optimiser les exigences du confort et de santé de l'être humain, tout en veillant aux questions du développement durable.

C'est dans ce contexte que s'inscrit l'une des mesures essentielles, qui n'est autre que la construction écologique ou passive ; d'où son objectif est de privilégier le confort thermique tout en contribuant aux économies d'énergie

Le travail présenté ici constitue une suite logique de mon mémoire de Magister, dont le thème est «Conception d'un habitat écologique, durable et économe utilisant les énergies renouvelables», ou nous somme parvenus à des conclusions, dont l'essentiel était que l'habitat écologique est plus cher à l'investissement qu'une maison conventionnelle. Ce supplément est récupéré au bout d'une dizaine d'année. Construire écologique est donc une opération très rentable qui est plus une question de choix que de moyens.

Dans notre thèse de doctorat nous nous proposons d'optimiser des solutions intégrées à l'enveloppe d'un bâtiment et fournissant simultanément l'énergie dans toutes ses formes, le travail consiste à rechercher les meilleurs moyens pour un rendement positif et efficace tant sur le plan énergétique, qu'économique et environnemental ; lors d'une construction d'une maison écologique en comparaison avec une maison classique. Et ceci en utilisant des matériaux de longue durée de vie, respectant l'environnement, à faible rejet de gaz a effets de serre et à faible coefficient de transmission thermique (comme le chanvre, bois, liège, cellulose). L'orientation architecturale doit tenir compte du rayonnement solaire en été comme en hiver. Pour le bilan énergétique nous utilisons la GSHP (Ground Source Heat Pump qui tient compte de la température du sol) comme système de chauffage et de refroidissement, et le comparer avec celui des anciens systèmes. Enfin le bilan économique sera établi en fonction du budget investi et son temps de retour comme bénéfice c'est-à-dire un rendement positif, en comparant les budgets déployés dans une maison classique et une maison écologique.

Le travail est composé de 6 chapitres. La problématique est abordée au début du premier et deuxième chapitre en faisant une revue sur l'habitation écologique ainsi que sur les gisements des ressources énergétiques renouvelables dans le monde et plus particulièrement en Algérie.

Le chapitre 3 traite les paramètres influençant le confort thermique des occupants à l'intérieur du bâtiment et le calcul des besoins énergétiques pour le chauffage et/ou le refroidissement à satisfaire. Ensuite, un état de l'art est présenté sur la modélisation d'une habitation. Puis, dans ce même chapitre un modèle mathématique sera développé et utilisé expérimentalement pour l'étude de l'évolution de la température dans une maison écologique.

Les dernières parties de ce travail sont consacrées à une étude expérimentale et théorique d'une pompe à chaleur source sol (GSHP) utilisant la température du sol comme seul moyen de chauffer et/ou de refroidir une habitation, l'étude de la première réponse thermique du sol algérien, qui permettra de trouver la conduction thermique du sol, et enfin, toujours dans le domaine de la thermique, nous faisons une étude sur l'influence du réchauffement climatique sur la variation de la température du sol.

CONTEXTE ENERGETIQUE ACTUEL ET PROBLEMATIQUE

Les enjeux énergétiques et climatiques mondiaux nous rappellent l'urgence d'une utilisation raisonnée des ressources et la nécessaire mutation du secteur du bâtiment. Premier consommateur d'énergie (figure 1) et troisième émetteur de gaz à effet de serre (figure 2), il présente aussi d'autres effets, comme l'émission de déchets, les nuisances sonores, la perturbation du microclimat, la consommation d'eau, et la pollution des nappes phréatique, il serait donc temps de changer notre regard vers des habitats présentant des potentialités élevées d'économie ; l'habitat écologique devrait répondre à toutes ces attentes. Cette prise de conscience est aujourd'hui avérée et les efforts engagés tant du point de vue des innovations technologiques que du point de vue réglementaire et normatif dans les pays développés constituent un signal fort pour les pays émergents qui ont adhéré majoritairement à la lutte contre le réchauffement climatique, et se sont engager à réduire les émissions de Gaz à effets de serre (accords internationaux : Kyoto, Rio de Janeiro, Barcelone, Copenhague).

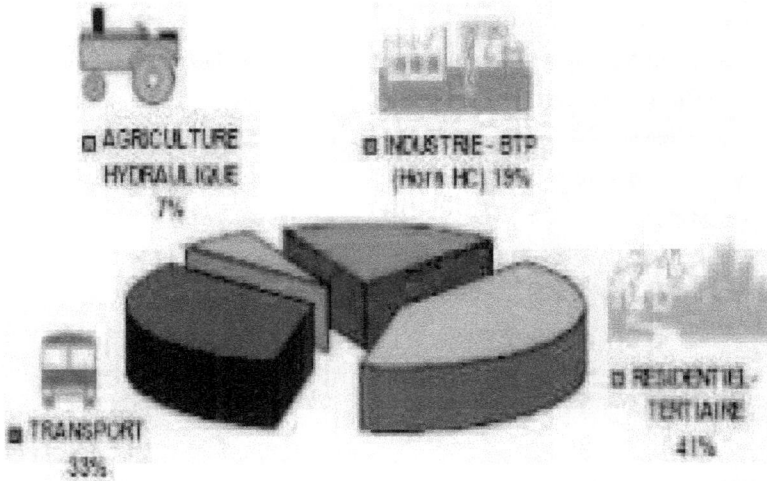

Figure 1 : Consommation finale par secteur d'activité [2]

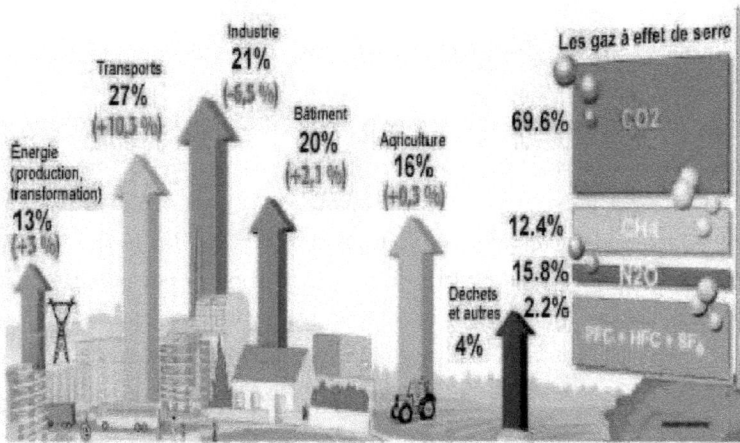

Figure 2 : Part relative des activités dans les émissions de GES [3]

L'Algérie connaît depuis bientôt une décennie un développement intense et soutenu des secteurs du bâtiment et de la construction. Que ce soient pour les grands projets de l'Etat (1 million de logements sociaux, équipements socio-éducatifs, administratifs, …) ou les grands projets immobiliers (résidentiels, tertiaires) et touristiques initiés par les promoteurs privés et publics, les exigences et normes internationales en matière de performances énergétiques et environnementales des constructions ne sont pas encore suffisamment intégrées aux processus de conception et de construction.

Ceci conduit d'ores et déjà à de grandes pressions sur les ressources (énergie, eau, matériaux, …) et des impacts importants sur l'environnement et ne contribue nullement au développement durable des territoires, ni, au plan mondial, à la lutte contre le réchauffement climatique.

Les spécialistes de la matière, estiment dans ce contexte que la réalisation de logements efficaces énergétiquement, s'impose comme une nécessité impérieuse pour la maîtrise des consommations énergétiques. [4]

Il est donc urgent de s'inscrire dans une nouvelle vision, basée sur davantage de rationalisation dans la consommation énergétique dans cet important secteur. Par conséquent, l'augmentation de l'efficacité énergétique, l'intégration des énergies renouvelables et l'atténuation des impacts climatiques, par la réduction des émissions de gaz à effet de serre, représentent les principaux défis à relever d'autant que le secteur du bâtiment dispose d'un grand potentiel d'économie pour contribuer à cet objectif.

C'est dans ce contexte que le projet Med-Enec, destiné aux pays de la méditerranée, a lancé il y a quelques années, un appel à proposition pour des projets-pilote su l'efficience énergétique dans le secteur du bâtiment. Ces projets-pilote, cofinancés pas l'Union Européenne, jouent un rôle important en matière de transfert de technologie et de savoir-faire.

Ils servent aussi de modèles à des fins pédagogiques et de reproductibilité. Le consortium formé par le CDER (Centre de Développement des Energies Renouvelables) et le CNERIB (centre National d'Etude et de Recherches Intégrées en Bâtiment), a soumissionné et a été retenu pour la construction d'un habitat de type rural à Haute efficacité énergétique. L'APRUE (L'Agence Nationale pour la Promotion et la Rationalisation de l'Utilisation de l'Energie, quand à elle, joue le rôle de point focal algérien pour ce projet [4]. L'intérêt de cette initiative, est de passer d'un habitat « énergivore » à un habitat passif ou écologique, grâce à une éco-conception et, à l'introduction des principes bioclimatiques, d'efficacité énergétique et d'intégration des énergies renouvelables. L'éco-conception offre un double avantage, selon les spécialistes. Du point de vue économique, d'abord, l'approche mène à d'énormes gains énergétiques qui permettraient de diviser par deux la consommation d'un édifice. Du point de vue écologique, ensuite, l'éco-construction se concentre sur le bilan énergétique global du matériau, et donc tant sur l'énergie utilisée lors de sa production, que sur celle qu'il permettra d'économiser une fois intégré dans le bâtiment.

Le projet en question concerne la réalisation de pas moins de 600 logements de haute performance énergétique (HPE) au niveau de onze offices pour la promotion et la gestion immobilière (OPGI) sur l'ensemble du territoire national. Ces logements seront réalisés à partir du premier trimestre 2011. Le projet-pilote en question est réparti sur le territoire national à travers onze wilayas représentant les trois zones climatiques : Nord, Hauts Plateaux et Sud. Les logements seront répartis comme suit : Nord : Alger (Hussein Day) avec 50 unités, Blida (80), Skikda (50), Mostaganem (82), Oran (80).

Pour le Hauts Plateaux, les logements seront construits à Laghouat (32), Djelfa (80), Sétif (54). Enfin, pour le Sud, les wilayas retenues sont El Oued (36 Logements), Béchar (30) et Tamanrasset (30). Les surcoûts liés aux mesures d'efficacité énergétique à introduire dans la construction de l'habitat HPE sont évalués à 300 000 DA par logement dont 80% sont pris en charge par l'APRUE, à travers le Fonds National de Maitrise d'Energie (FNME). [4]

Ce projet vise essentiellement l'amélioration du confort thermique dans les logements, et la réduction de la consommation énergétique pour le chauffage et la climatisation, la mobilisation des acteurs du bâtiment autour de la problématique de l'efficacité énergétique et la provocation d'un effet d'entraînement des pratiques de prises en considération des aspects de maîtrise de l'énergie dans la conception architecturale. En plus de ce projet-pilote, le programme quinquennal 2010-2014 a inscrit la construction de 3000 nouveaux logements HPE et la rénovation thermique de 4000 Logements existants.

L'Habitat Ecologique

Commençant par rappeler que ce qu'une habitation écologique, et sa particularité par rapport aux autre habitations :

La maison écologique est conçue pour éviter toute déperdition thermique et profiter au maximum des apports thermiques du soleil. Sa conception est nommée l'architecture bioclimatique et sa réalisation une construction écologique. Sa forme est compacte pour réduire la surface d'échange et toute protubérance pouvant servir de "radiateur" (comme les balcons liés à la structure) est prohibée. Sa façade est tournée vers le soleil (façade Sud dans l'hémisphère Nord) et ses ouvertures sont majoritairement placées dans cette façade. Des ouvertures moins nombreuses et plus petites peuvent être pratiquées dans les façades Est et Ouest et la façade Nord n'en a pas ou très peu.

L'enveloppe (murs, toiture, dalle sur sol ou cave) est *super isolée* pour réduire les échanges thermiques avec l'extérieur (300 mm d'équivalent laine de verre pour les murs, 400 mm pour la toiture, 200 mm pour le sol environ). Les ponts thermiques (par exemple les dalles de balcon si courantes dans l'architecture actuelle) doivent être bannis et leur suppression doit être le souci à la fois du concepteur (architecte) et de tous les intervenants dans la réalisation de la maçonnerie, pose de l'isolation et des cloisons de doublage, des chapes et des plafonds.

L'enveloppe doit aussi être parfaitement étanche pour éliminer les entrées ou sorties d'air intempestives (par exemple un passage de câble électrique ou d'un tuyau à travers l'isolation). Les ouvertures doivent aussi être *super isolantes* et étanches pour assurer la cohérence des échanges thermiques avec les qualités de l'enveloppe (double fenêtre à double vitrage, triple vitrage peu émissif).

L'autre terme de l'échange thermique est le renouvellement de l'air intérieur pour la respiration des habitants, la cuisine, l'hygiène. La ventilation est impérativement contrôlée et adaptée aux besoins, et en période froide la chaleur de l'air rejeté est récupérée dans un échangeur double flux de rendement supérieur ou égal à 80%. La régulation de la ventilation est faite à partir de l'hygrométrie de l'air (qui signale simplement la présence humaine dans une chambre, la production de vapeur dans une salle d'eau ou une cuisine). Le tracé des conduites de ventilation et le choix des diamètres doit primer dans la conception architecturale et technique pour maîtriser les pertes de charges et limiter la puissance des ventilateurs (total inférieur à 50 W) qui fonctionnent en permanence et sont judicieusement alimentés par des panneaux photovoltaïques en tampon avec des batteries et le secteur en secours.

Cette ventilation couplée à l'inertie thermique permet aussi un excellent confort d'été en réduisant les surchauffes estivales (en pratiquant par exemple la *sur ventilation* la nuit afin de rafraîchir murs et dalles).

Il est important de rappeler que l'énergie totale dépensée par le bâtiment ne doit pas dépasser non plus un certain seuil, afin que les efforts établis au niveau du chauffage ne soient pas annulés par une surconsommation d'électricité ou par un mauvais système de chauffage de l'eau. Une construction écologique consomme jusqu'à dix fois moins d'énergie qu'une maison standard pour son chauffage et la production d'eau chaude [5].

Ce type d'habitat est peu gourmand en énergie et produit peu de gaz à effet de serre.

En résumé, l'habitat écologique :

- Jouit d'un climat intérieur extrêmement agréable en été comme en hiver.

- A une bonne isolation thermique ainsi qu'une bonne étanchéité à l'air.

- Consomme 90% d'énergie de moins qu'une construction classique (Minimise les besoins en énergie calorifique du bâtiment, tout en fournissant un air à l'intérieur de bonne qualité.)

- Utilise au mieux toutes les sources de chaleur disponibles, comme la chaleur corporelle ou celle apportée par le soleil.

- Utilise les énergies renouvelables pour les besoins énergétiques de la maison.

- Crée un environnement sain et confortable pour ses utilisateurs.

- Préserve les ressources naturelles en optimisant leur usage.

Une telle habitation, coûte entre 10 à 15% de plus que les logements classiques [6]. Cet investissement apporte également des améliorations de confort de plusieurs façons :
• Une meilleure qualité d'air grâce à une ventilation contrôlée et automatisée;
• Une amélioration du confort thermique depuis les murs et en particulier, les surfaces des fenêtres;
• Un meilleur éclairage naturel pour maximiser l'efficacité énergétique;
• Et surtout, il promeut au développement durable

Afin de tenir compte de ces conditions, nous allons présenter le choix des technologies qui peuvent être appliquées pour la construction des maisons à haut rendement énergétique:

- Une architecture bioclimatique.

- Une isolation maximale.

- Une construction étanche à l'air.

- Une ventilation de confort.

- Le recours aux énergies alternatives pour Le chauffage et l'électricité.

- La gestion des eaux de pluie.

Toute technologie adoptée dans la construction des habitations doit s'assurer que la chaleur reste à l'intérieur des locaux pendant la saison de chauffe, et à l'extérieur pendant l'été. Pour des raisons de confort et d'économie d'énergie, l'enveloppe doit être hermétique. Par ailleurs, il s'agit de garantir un approvisionnement en air frais, d'où la nécessité d'un système de ventilation. Enfin, il y a lieu de produire et de distribuer des petites quantités de chaleur nécessaire pour l'espace et le chauffage de l'eau. Comme pour le chauffage des logements, le premier objectif est de réduire au minimum les besoins en électricité.

L'architecture Bioclimatique :

L'architecture bioclimatique est une technologie peu chère qui permet de faire des économies spectaculaires. Un grand nombre de demeures construites par nos ancêtres utilisaient déjà cette technologie : spacieuses, utilisant des matériaux de qualité et d'une bonne finition. Puis le souci du rendement et du profit a entraîné la perte de la qualité, l'utilisation de matériaux malsains et moins coûteux, la réduction des espaces, pour obtenir ce que l'on voit aujourd'hui : des cages à lapins et des villas où le bien vivre est absent.

L'objectif de l'architecture bioclimatique est d'économiser le plus d'énergie possible grâce à l'architecture de l'habitat adaptée au climat, c'est-à-dire :

- capter le rayonnement solaire
- stocker l'énergie ainsi captée
- distribuer cette chaleur dans l'habitat
- réguler la chaleur
- éviter les déperditions dues au vent

Situation de la maison :

Tout d'abord la situation idéale de la maison : sur le flanc sud d'une colline car elle y est à l'abri du vent froid du nord ; et l'ensoleillement, élément très important de l'architecture bioclimatique, y est bien meilleur. De plus, en règle générale, il est plus favorable sur le plan énergétique de construire des maisons mitoyennes que des maisons quatre façades. Une bonne disposition de la végétation alentour est également bénéfique : au nord, des arbres persistants pour protéger du vent froid, au sud, des arbres caducs pour laisser passer le rayonnement solaire en hiver [7].

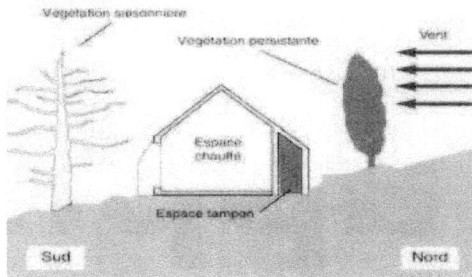

Figure 3: Les bases de l'architecture bioclimatique [8]

Organisation générale de la maison :

L'organisation générale de la maison écologique est la suivante:

1. Au sud, les pièces de vie consacrées aux activités de jour : salon, salle à manger, cuisine, bureau. Ces pièces doivent posséder de grandes ouvertures vitrées vers le sud pour mieux capter le rayonnement solaire.

2. A l'est et au sud-est, les chambres profitent du soleil levant. A l'ouest et au sud-ouest, elles bénéficient du soleil couchant.

3. Au nord, les espaces de service et de circulation qui n'ont pas besoin de beaucoup de lumière : escaliers, halls, WC, salles de bain, buanderie, débarras, garage. Ces pièces ne doivent pas posséder de trop grandes ouvertures pour éviter de se refroidir au contact des vents froids du nord. Ainsi, ces pièces appelées espaces-tampons protègent le reste de la maison d'une perte d'énergie thermique [7].

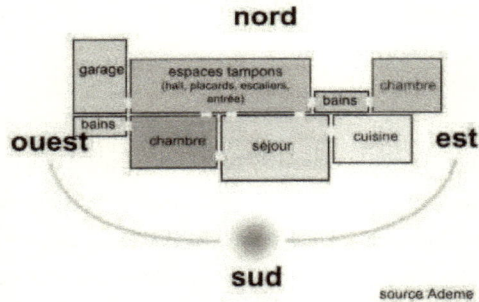

Figure 4: Les stratégies de l'architecture bioclimatique [8]

Avantages et inconvénients :

Avantages :

- Economie d'énergie, de chauffage, d'éclairage donc d'entretien.
- Meilleur confort dans l'habitat avec des ambiances thermiques dans chaque pièce.
- Respect de l'environnement (cela dépend des matériaux utilisés pour la construction).

Inconvénients :

- Le coût de la construction au départ demande un investissement financier plus important.
- On ne doit pas construire n'importe comment : la conception doit être longuement étudiée.

- Demande une attention particulière : portes fermées ou non pour la thermo circulation, ventilation naturelle en été.

L'isolation :

Tout isolant installé participe à la préservation de l'environnement dans la mesure où il permet des économies de chauffage, voir de climatisation en été et réduit donc le recours aux énergies non renouvelables.

Mais l'impact d'un isolant, comme celui des autres matériaux d'un bâtiment, ne se réduit pas aux grains qu'il procure pendant son utilisation : c'est l'ensemble du cycle de vie du matériau, de sa production à son élimination, qui doit être pris en compte.

La fonction des isolants:

Lorsque l'on chauffe l'air d'une habitation non isolée, les parois ne s'échauffent pas. Les calories qui atteignent ces dernières par convection et rayonnement passent au travers par conduction, et s'en échappent, à nouveau par convection et rayonnement, avant d'avoir eu le temps de l'échauffer. Ce n'est pas le froid qui entre, mais la chaleur qui sort.

Le rôle de l'isolation est d'interposer entre l'intérieur et l'extérieure une barrière au passage des calories au moyen de matériaux ayant une capacité de conduction la plus faible possible

Le plus mauvais conducteur de la chaleur est le vide, qui ne permet plus que des échanges par rayonnement. Mais le « vide » est rempli d'air, et la paroi chaude de la lame d'air échange ses calories avec la paroi froide par convection.

Pour que l'air conserve ses qualités d'isolation, il doit être immobile. Cette immobilité s'obtient en l'enfermant dans des alvéoles les plus petites possible afin de fragmenter, et de freiner par friction les mouvements de convection.

L'amincissement des parois entre les alvéoles réduit au maximum les transferts par conduction entre elles.

Un isolant de qualité est donc un matériau de très faible densité comportant un très grand nombre de cellules contenant un maximum d'air.

Voila pourquoi il n'existe pas d'isolant de faible épaisseur. Un isolant peu épais n'enferme qu'un faible volume d'air et se révèle donc peu efficace.

Matériaux d'isolation thermique :

Le matériau choisi devra réunir les qualités suivantes : hydrofuge, très bon isolant thermique, incombustible, et surtout avoir un faible coefficient de transmission thermique.

Rappelons que la perte de chaleur à travers une paroi, un plancher ou un toit est mesurée par son coefficient de transmission thermique U exprimé en W/m²K.

Plus U est petit, meilleure est la performance. Par exemple, dans les mêmes conditions de températures intérieure et extérieure, un mur extérieur dont U vaut 0,3 W/m²K accuse des déperditions thermiques deux fois plus petites que celles d'un mur dont U atteint 0,6 W/m².K.

Le U moyen de l'enveloppe du bâtiment doit être inférieur ou égal à 0,15 W/m².K (0,1 W/m².K conseillé) pour respecter les standards de la maison écologique. Il est clair qu'un U moyen aussi faible ne peut être obtenu qu'avec des matériaux performants, sous peine d'avoir une grosse épaisseur d'isolant, comme le rappelle le tableau suivant :

Matériau	λ Conductivité thermique en W/m.K	Epaisseur en mètre pour U=0.13 W/ (m².K)
Béton ordinaire	2.100	15.80
Brique	0.800	6.02
Brique aérée	0.400	3.01
Bois de résineux	0.130	0.98
Brique isolante	0.110	0.83
Paille	0.055	0.410
Isolant conventionnel (Laine de verre, cellulose, polystyrène.......)	0.040	0.300
Isolant plus performant (Mousse de polyuréthane)	0.025	0.188
Panneau isolant sous vide	0.015	0.113
	0.008	0.060

Tableau 1 : Epaisseur des différents matériaux pour un coefficient de transmission thermique U = 0,13 W/m².K [9]

Les matériaux se situant dans la partie basse du tableau sont acceptables comme isolants. Déjà avec des murs en ballots de paille de 40 à 50 cm d'épaisseur, une maison écologique est concevable. Si on utilise un isolant conventionnel tel que la laine de verre, le polystyrène ou la cellulose, il faudra compter environ 30 cm tandis que si on se tourne vers la mousse de polyuréthane, on peut réduire l'épaisseur à 20 cm. Pour encore gagner de la place on peut choisir d'autres types d'isolant, mais ceux-ci reviennent alors beaucoup plus chers.

Evidemment, une combinaison (pour la structure par exemple) avec un matériau non isolant est tout à fait possible, voire même nécessaire.

L'épaisseur d'isolant dépend du type de matériaux, mais aussi du type de paroi à isoler. Par exemple, pour le toit, on isole beaucoup puisque cela ne présente pas de problème constructif d'avoir de plus grosses épaisseurs, par opposition aux murs où on essaie de minimiser l'épaisseur de la paroi. Pour le plancher, par contre, il faut moins isoler puisqu'il est en contact avec le sol, qui reste plus chaud que l'air extérieur (en hiver du moins) et que le flux de chaleur est moins important.

Le vitrage :

De tous les composants de l'enveloppe, la fenêtre est l'élément le plus critique à cause de ses multiples fonctions : outre ses qualités d'isolation, elle doit permettre la vue vers l'extérieur, être ouvrable et pouvoir se fermer parfaitement, et en plus, elle doit aussi capter un maximum d'énergie solaire.

Ces multiples fonctions ont rendu des développements technologiques indispensables et c'est d'ailleurs le composant de la maison écologique qui s'est développé le plus rapidement et le plus efficacement. Dans les années'70, les fenêtres étaient encore composées de simples vitrages et présentaient un coefficient U de 5,5 W/ $(m^2.K)$. Dans une maison écologique, la limite est ramenée à seulement 0,8 W/ $(m^2.K)$! Ces contraintes impliquent naturellement des châssis et des vitrages ultra performants.

Un coefficient U aussi bas peut seulement être atteint grâce à un triple vitrage. L'espace entre les vitres est rempli de gaz nobles tel que l'argon, afin de réduire le transfert de chaleur par convection. Pour diminuer également le transfert de chaleur par rayonnement, on utilise des verres à faible émissivité (Low-E), c'est-à-dire qu'on leur a ajouté une couche invisible d'oxydes métalliques qui laisse passer la lumière extérieure, mais bloque le rayonnement de chaleur provenant de l'intérieur de la maison. Il s'agit d'éviter les pertes, bien entendu, mais aussi de maintenir de hautes températures surfaciques intérieures tant pour une question de confort que pour éviter la condensation [10], mais son principal inconvénient c'est sont rapport performance/prix, car si on devait le comparer avec le double vitrage, le prix est assez élevée pour avoir un coefficient de transmission thermique qui diminue de seulement 0.3 W/m²K.

En résumé, sur le tableau suivant, nous avons spécifié la valeur du cœfficient de transmission U ainsi que l'épaisseur de l'isolant exigées pour différents types d'habitat :

Demande Energétique	$KWh/m^2 a$ $250 - 300$	$KWh/m^2 a$ $100 - 150$	$KWh/m^2 a$ $40 - 50$	$KWh/m^2 a$ ≤ 15
	Valeur de U et épaisseur de l'isolant			
Mur Extérieur (25 cm)	1.30 W/m².K 0 cm	0.40 W/m².K 6 cm	0.20 W/m².K 16 cm	0.10 W/m².K 34 cm
Plafond	0.9 W/m².K 4 cm	0.22 W/m².K 22 cm	0.15 W/m².K 30 cm	0.10 W/m².K 40 cm
Plancher Bas	1.0 W/m².K 2 cm	0.40 W/m².K 7 cm	0.25 W/m².K 20 cm	0.12 W/m².K 30 cm
Fenêtre	2.60 W/m².K Simple vitrage	1.70 W/m².K Double vitrage	1.10 W/m².K Double vitrage avec argon	0.80 W/m².K triple vitrage

Tableau 2: Les valeurs de U et l'épaisseur de l'isolant exigées pour chaque partie de la maison

L'étanchéité à l'air :

Une excellente herméticité de l'enveloppe du bâtiment est une condition vitale pour une maison écologique. En effet, sans une parfaite étanchéité, ni l'isolation, ni la ventilation ne peuvent être réellement efficaces.

En ce qui concerne l'isolation thermique, il semble évident que s'il existe des fuites d'air, c'est une perte de chaleur prévisible. De plus, les isolants thermiques ne sont pas du tout hermétiques, l'air y circule même facilement dans certains cas (laine minérale, cellulose), créant des courants de convection qui nuisent au bilan énergétique global du bâtiment.

Pour ce qui est de la ventilation, une mauvaise étanchéité induit des courants d'air involontaires et incontrôlables qui perturbent le système et peuvent même changer le sens du flux, ce qui n'est évidemment pas souhaitable [11].

Les fuites peuvent se situer aux endroits les plus divers. Sont principalement visés : tous les raccords avec les parois, le toit et les planchers, mais aussi les passages des tuyaux d'égout, d'eau chaude, de ventilation et des câbles électriques, ainsi que les ouvertures vers l'extérieur (portes, fenêtres, évacuation de l'air vicié...) [11].

Pour éviter les fuites, le principe est simple en théorie : il suffit de garantir une enveloppe hermétique par une mise en œuvre soignée.

La Ventilation

Il pourrait paraître contradictoire d'isoler parfaitement la maison pour ensuite l'aérer "artificiellement". L'isolation thermique et la ventilation sont deux choses bien distinctes et ont des fonctions différentes [12]. Il est vrai cependant qu'une bonne isolation ne peut être mise en œuvre qu'avec un bon système de ventilation car l'isolation d'un bâtiment, quand elle est bien faite, le rend toujours plus étanche à l'air. Or, si l'air vicié n'est pas évacué et remplacé par de l'air frais, des problèmes d'humidité, de condensation et de moisissures se poseront immanquablement. Cependant, ceux-ci ne seront pas dus à une isolation excessive, mais à un défaut de ventilation.

La ventilation est indispensable pour évacuer les substances gênantes et nocives (provenant des matériaux de construction, peinture, colle, tapis, meubles, fumée de tabac, produits d'entretien, odeurs de cuisine...). Le renouvellement continu de l'air empêche également que se forme une concentration en CO_2 trop importante.

Pour les maisons écologiques, le seul système à permettre la récupération de la chaleur sur l'air extrait, ce qui constitue une caractéristique indispensable des standards de la maison écologique est alimentation et évacuation mécaniques ("double-flux").

La ventilation mécanique contrôlée permet de gérer l'aération du bâtiment quel que soit le temps ou la saison. Par "gérer", on entend que la quantité d'air, introduite dans le bâtiment est réglée en fonction des besoins, sans consommation d'énergie excessive [13].

Pour contrôler le sens du flux d'air, il faut pouvoir le canaliser. Classiquement, l'alimentation en air frais s'effectue dans les locaux "secs" (living, chambres,...) et l'évacuation de l'air vicié s'effectue là où la pollution de l'air est la plus importante, c'est-à-dire dans les locaux "humides" (cuisine, salle de bain, WC...) ou de services (hall...). Entre les locaux comprenant les dispositifs d'alimentation et d'évacuation, l'air circule par des "ouvertures de transferts" dans les portes ou les cloisons et via les couloirs et les escaliers. La différence de pression entre les dispositifs d'alimentation (zones sèches sous pression) et d'évacuation (zones humides en dépression) assure un flux d'air permanent dans le bon sens. On évite ainsi que les odeurs désagréables soient amenées de la cuisine ou des sanitaires vers le living ou les chambres.

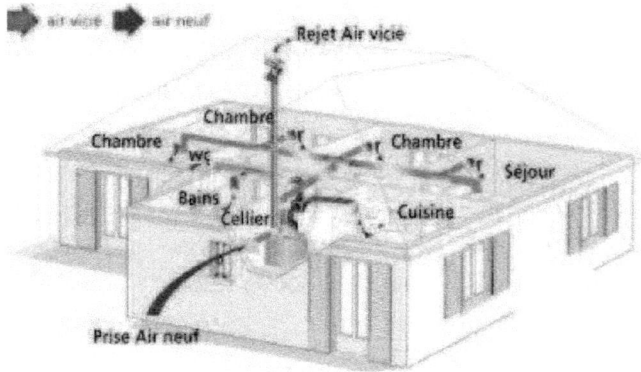

Figure 5: VMC Double Flux à Récupération de chaleur [14]

Les avantages de la ventilation :

Du point de vue du confort quotidien, on appréciera l'air frais distribué en permanence dans la maison et la dissipation rapide des odeurs, la moindre quantité de poussière etc. Le fait de ne pas devoir ouvrir les fenêtres pour aérer permet d'éviter les nuisances acoustiques extérieures (circulation, autoroute, aéroport, etc.)

Un autre avantage non négligeable de la ventilation est qu'elle peut servir durant la nuit à dissiper la chaleur qui s'est accumulée la journée en été.

Les inconvénients :

On peut pointer ici le fait que dans les chambres, beaucoup de gens préfèrent avoir une température plus basse en hiver, alors qu'ils sont habitués aux températures plus élevées en été. C'est une sensation purement subjective, car il a été démontré que ce n'est qu'au-dessus de 21°C que le sommeil devient inconfortable. Si on souhaite assurer aux locaux des températures spécifiques, il est nécessaire de le prévoir dans la conception du plan.

Enfin, quand le système de ventilation est mal mis en œuvre, des problèmes de bruits (ventilateur, sifflement de l'air dans les canalisations, etc.) peuvent aussi apparaître. Des silencieux doivent être installés aux points critiques de l'installation. Les filtres doivent êtres entretenus, mais il existe des systèmes faciles à nettoyer ou à remplacer [11].

Le chauffage et l'eau chaude :

Épuisement des ressources énergétiques et réchauffement climatique, notre rythme de consommation d'énergie actuel n'est pas viable à long terme. La concentration de gaz à effet de serre dans l'atmosphère a augmenté de 30% en un siècle. Les ménages sont responsables de la moitié de ces émissions notamment par la combustion des ressources énergétiques fossiles (fuel, gaz, charbon, pétrole) pour couvrir leurs besoins en chauffage. En piégeant la chaleur du rayonnement solaire dans l'atmosphère, les gaz à effet de serre provoquent un réchauffement climatique. Alors comment concilier le confort thermique d'aujourd'hui et celui de demain sans hypothéquer notre avenir énergétique ? L'utilisation des énergies renouvelables est une solution écologique.

Production de chaleur

« Les maisons zéro énergie » ou « maisons énergie plus » sont réalisées typiquement pour la production suffisante de l'électricité solaire photovoltaïque. Étant donné le faible rayonnement solaire au cours d'une journée d'hiver, la production d'énergie est minimale lorsque la demande de chauffage se produit, d'où la nécessitée d'un apport supplémentaire en énergie.

Il s'agit donc de produire une plus grande quantité de chaleur à moindre coût. Plusieurs solutions, sont proposées :
- La pompe à chaleur, utilisant l'air épuisé de la pièce comme source de chaleur,
- Un échangeur de chaleur de ventilation,

Cependant, le système de chauffage peut délivrer soit 1KW d'électricité, soit 3KW de chaleur. Si le système est couplé à un échangeur de chaleur au sol (un antigel circulant dans un circuit enterré de pipe), une augmentation de la production de chaleur est possible. Les poêles à granulés offrent des avantages d'utiliser le bois comme combustible (CO_2 neutre), qui est hautement automatisée et fonctionnant avec un rendement élevé en raison de la combustion contrôlée. Pour les appartements d'un immeuble ou une rangée de maisons, la chaudière à gaz à condensation peut être une solution.

Outre le chauffage, la production d'eau chaude constitue une des applications privilégiées de l'énergie solaire dans le bâtiment, et ce, pour plusieurs raisons. La première tient à la nature du besoin. Les températures sont peu élevées : eau froide à température proche de l'ambiance

; et l'eau chaude entre 50 et 60°C. Une caractéristique intéressante de la production d'eau chaude sanitaire est la faible variation des besoins au cours de l'année, contrairement au chauffage [15]. Pour des raisons écologiques, une solution évidente est le système solaire thermique.

Avec seulement 1 à 2m^2 de capteur par personne, on peut couvrir la moitié de la demande en eau chaude. En fonctionnant toute l'année, leurs coûts d'investissement sont très vite amortis.

L'électricité :

Il s'agit de la plus chère forme d'énergie qui consomme une grande quantité d'énergie primaire. En conséquence, il est fortement souhaitable de la produire à partir des radiations solaires frappant l'enveloppe du bâtiment. La conversion photovoltaïque de la lumière en électricité est une technologie prouvée, et fiable au fil des décennies, mais relativement plus coûteuse et avec des rendements faibles.

Toute fois, il est indispensable d'utiliser des appareils électriques qui consomment le moins possible d'électricité (rationalisation de la consommation d'énergie). [16]

L'eau dans la maison : La gestion de l'eau de pluie :

Geste écologique et économique, la récupération de l'eau de pluie pour l'arrosage du jardin ou l'utilisation dans la maison devient de plus en plus d'actualité.

Enjeux et principes généraux :

Contrairement à celle du réseau, l'eau de pluie n'est ni calcaire, ni chlorée, ni trop froide, qualité appréciée des plantes du jardin. Elle a de plus l'immense avantage d'être gratuite. Attention cependant : ne récupérez pas l'eau de toits couverts de toile goudronnée ou de matériaux d'étanchéité bitumés qui libèrent des hydrocarbures. Pour les bardeaux de bois, il faut attendre environ un an avant que l'eau soit bien claire et ne contienne plus de tanins.

Le potentiel de récupération d'eau de pluie est important puisque l'on peut collecter selon les régions entre 45 et 80 m^3 pour 100 m^2 de toiture. De quoi assurer, en théorie, la totalité des besoins d'arrosage d'un jardin de 200 m², si les pluies sont bien réparties, ou si vous disposez d'un réservoir d'une capacité suffisante.

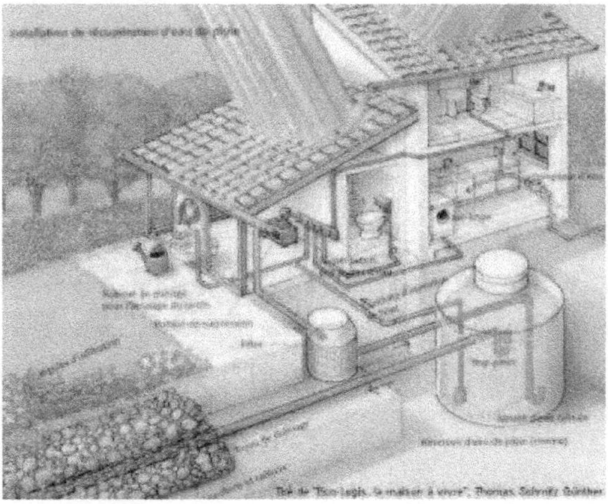

Figure 6: Equipements et caractéristiques d'une installation de récupération d'eaux de pluie [17]

L'aspect économique de la maison écologique :

On comprend que, plus le bâtiment est isolé, plus il coûte à la construction, et qu'inversement, plus un bâtiment est isolé, moins il consomme d'énergie pour le chauffage. Comment ces deux relations sont-elles liées ?, la figure suivante représente le bilan économique d'un habitat écologique (passif) :

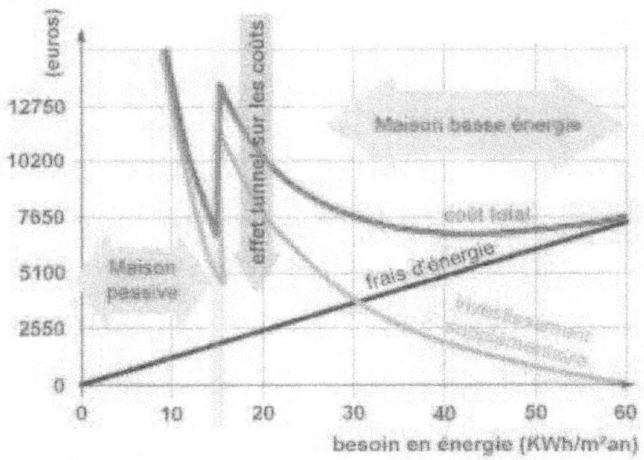

Figure 7 : Coût en fonction du besoin en énergie de chauffage [18]

De 60 à 15 kWh/m² par an :

Entre 60 et 15 kWh/m².an, un effort est produit afin de limiter les transmissions de chaleur. La construction s'avère de plus en plus coûteuse en matériaux et en techniques d'isolation et de ventilation. Par ailleurs, les besoins en énergie baissent (décroissance linéaire), et donc certains coûts d'exploitation aussi, mais ils ne peuvent compenser les surcoûts de construction (croissance exponentielle). De plus, il faut toujours prévoir une installation de chauffage classique (coût forfaitaire), car la performance de l'enveloppe n'est pas suffisante pour s'en passer. On observe cependant un premier optimum vers 40-45 kWh/m².an : la courbe du coût total présente un minimum qui correspond à la maison basse énergie. Les consommations restent cependant élevées.

A 15 kWh/m² par an :

La norme de 15 kWh/m².an pour une maison écologique n'est pas choisie par hasard puisque c'est là que la courbe du coût total passe à nouveau par un minimum. C'est le deuxième optimum. En effet, lorsque la mise en œuvre d'une construction répond exactement aux standards de la maison écologique, une économie substantielle devient possible : celle d'une installation conventionnelle de chauffage (chaudière, cheminée, distribution, radiateurs, citerne, etc.). Cette économie non-linéaire est possible parce que la performance énergétique de la maison lui permet de se passer tout à fait d'un équipement de chauffage classique : un simple appoint (chauffage non-conventionnel) assumera totalement la production de chaleur que l'enveloppe optimisée sera capable de conservera suffisamment.

De 15 à 0 kWh/m² par an :

Après la disparition du système de chauffage, la performance de l'enveloppe peut encore être poussée à l'extrême. Cela implique une économie d'énergie de chauffage (décroissance linéaire) de moins en moins importante (quelques kWh/ m².an). Par contre, ce type de construction exige des techniques et des matériaux tellement onéreux (croissance exponentielle) que la rentabilité s'en voit franchement diminuée. A l'heure actuelle, ces maisons "zéro énergie" ne sont pas intéressantes.

Les Bénéfices non-chiffrables :

Hormis l'économie considérable d'énergie, il ne faut pas oublier ce qui peut difficilement s'exprimer en chiffres, mais qui apporte une plus-value certaine au bâtiment.

Le confort est le premier de ces "boni" : une température agréable toute l'année, pas de courant d'air, un air sain, pas de condensation... autant de choses qui favorisent la santé et la sensation de bien-être [19].

Un autre avantage indirect de la conception selon les standards de la maison écologique concerne enfin la faible dépendance par rapport aux énergies fossiles. En effet, dans la situation actuelle du pétrole, la basse consommation offre une sorte d'assurance pour l'avenir face aux coûts énergétiques incertains et indubitablement toujours croissants.

En plus de ces avantages pour le propriétaire (ou l'occupant) d'une maison écologique, on doit prendre en compte le bilan écologique global et un impact positif sur les coûts cachés de l'utilisation d'énergies fossile ou nucléaire. La faible consommation d'énergie fossile réduit considérablement les émissions de CO_2 qui ont un effet certain sur le réchauffement climatique.

Labellisation de l'Habitat Ecologique :

Les concepts de bâtiments performants se trouvent le plus souvent définis dans le cadre de certifications, de labels ou de réglementations. Ils sont alors associés à un cahier des charges décrivant leurs objectifs ou à une méthode d'évaluation de leur niveau de performance. Leurs dénominations sont variées, chacune mettant l'accent sur une caractéristique majeure du bâtiment.

Pourtant le concept sous-jacent ne se résume pas à cette simple caractéristique ; ces dénominations sont nécessairement réductrices. Une typologie des dénominations rencontrées dans la littérature a été réalisée, de manière à faire ressortir les principales caractéristiques de ces bâtiments et les principaux concepts associés. Deux types d'approches se distinguent : des *approches purement énergétiques* et des *approches plus larges*.

Les concepts purement énergétiques accompagnent des réglementations visant la performance énergétique des bâtiments (*Réglementation Thermique 2005* (JORF 2006) [20] en France, réglementation *Energieeinsparverordnung* (EnEV 2004) [21] en Allemagne) ou sont simplement associées à des labels *Minergie* en Suisse (Minergie 2008) [22], *Passivhaus* en Allemagne (Passivhaus 2008) [23], *CasaClima/Klimahaus* en Italie (Klimahaus 2008) [24]). En France, la réglementation propose cinq labels (*HPE, THPE, HPE EnR, THPE EnR* et *BBC*

2005), soit plusieurs niveaux de performance différents, et incite à l'intégration de sources d'énergies renouvelables au bâtiment (JORF 2007) [25].

Certains concepts découlent d'approches globales qui prennent en compte un grand nombre d'interactions du bâtiment avec son environnement, la question énergétique ne formant qu'une partie de ces interactions. C'est le cas des méthodes *CASBEE* (Japon) (CASBEE 2008) [26], *LEED* (États-Unis d'Amérique) (USGBC 2008) [27] et *BREEAM* (Royaume-Uni) (BREEAM 2008 [28] qui visent une labellisation ou une certification, mais aussi de la *norme R-2000* au Canada, qui est associée à une réglementation (R2000 2005) [29]. En France, la *démarche HQE* (Haute Qualité Environnementale), proposée aux maîtres d'ouvrage, ne fixe aucun objectif de performances (AssoHQE 2006) [30,31]

Les outils de calcul :

La question de l'évaluation des performances énergétiques et environnementales des bâtiments a mené à la réalisation d'un grand nombre d'outils de calculs, qui se répartissent schématiquement selon deux familles : les *outils de simulation énergétique* et les *outils d'analyse de cycle de vie*. Certains outils plus vastes, de type progiciels, intègrent une multitude de problématiques comprenant, entre-autres, l'énergie et les impacts environnementaux.

1- Les outils de simulation énergétique :

Les outils de simulations énergétiques permettent la simulation du comportement thermique d'un bâtiment, en lien éventuel avec les questions de confort acoustique et d'éclairage. De tels outils calculent les besoins énergétiques nécessaires au maintien du confort thermique (chauffage, rafraîchissement), voire l'ensemble des besoins énergétiques. Au-delà de l'aspect énergétique, certains logiciels évaluent les impacts environnementaux liés au bâtiment sur la totalité de son cycle de vie.

La plupart des outils de simulation énergétique du bâtiment qui sont utilisés aujourd'hui ont été répertoriés et décrits par le *Bureau de l'efficacité énergétique et de l'énergie renouvelable* du secrétariat à l'énergie des Etats-Unis d'Amérique (EERE 2008) [32]. Deux types d'outils de distinguent par leur niveau de complexité : les outils de simulation *dynamiques* et les outils *simplifiés*.

Les outils de simulation dynamique en fonction de leur niveau de complexité ou de leur ergonomie d'utilisation sont utilisés par les chercheurs ou par les concepteurs de bâtiments, architectes, ingénieurs. À partir de la description du bâtiment, de ses équipements et de scénarios de fonctionnement, ces logiciels réalisent le calcul des différentes températures, des besoins de chauffage et de rafraîchissement et de la consommation énergétique totale du bâtiment. Le bâtiment y est traité de manière multi-zonale. Outre les échanges thermiques conductifs, convectifs et radiatifs avec l'environnement, ces logiciels prennent souvent en compte les échanges latents (condensation et évaporation d'eau) et les échanges thermiques avec le sol. Les principaux outils sont présentés ci après.

- TRNSYS est développé depuis 1975 par un groupement international d'universités et de centres de recherche. Son cœur de calcul, de structure modulaire, pouvant intégrer tout composant issu de sa bibliothèque de composants ou créé par l'utilisateur, fait la force de ce logiciel.

- ESP-r, mis au point par l'université Strathclyde (Écosse), est un logiciel libre qui réalise des simulations thermiques, acoustiques et visuelles d'un bâtiment. Cet outil, conçu pour représenter la réalité de la façon la plus rigoureuse possible, intègre notamment les flux de chaleur (convectifs, conductifs, radiatifs), d'air, d'humidité et la consommation d'électricité.

- DOE-2 développé par le Lawrence Berkeley Laboratory est également un outil de simulation dynamique détaillé des bâtiments.

- EnergyPlus a été développé par la suite, en intégrant DOE, BLAST (développé par le ministère de la défense des Etats-Unis d'Amérique) et quelques modules de TRNSYS.

- SPARK, moins répandu car fortement orienté recherche, est conçu pour la représentation et la simulation de systèmes complexes, dont les bâtiments. Sa structure repose plus sur une représentation équationnelle que sur un algorithme particulier.

Ainsi, aucune directionnalité n'est imposée aux calculs et tout paramètre peut être choisi comme paramètres d'entrée ou comme inconnue à calculer.

- ENERGY-10 permet d'identifier les solutions techniques (lumière naturelle, apports solaires passifs, vitrages performants) à même d'optimiser les performances énergétiques du bâtiment, dès la phase de pré-étude.

- COMFIE est intégré à un ensemble logiciel interfacé complet facilitant la saisie rapide de toutes les caractéristiques du bâtiment, de ses équipements et de ses scénarios de fonctionnement, d'une part, et chaîné à un calcul d'analyse de cycle de vie du bâtiment, d'autre part.

- De nombreux autres logiciels de ce type sont utilisés par les professionnels, tels que, TAS, CODYBA ou IES <Virtual environment>.

Les outils simplifiés s'appuient sur une description sommaire du bâtiment et sur des bilans énergétiques annuels ou mensuels. Ceux-ci sont destinés, par exemple, au dimensionnement de certains équipements ou à la vérification du respect des réglementations. C'est le cas de la méthode 3CL-DPE utilisée en France pour l'établissement des diagnostics de performance énergétique (DPE) dans l'existant et PHPP utilisé pour la conception et la certification des bâtiments *Passivhaus*. Ces outils ignorent un certain nombre de phénomènes tels que la variation horaire de divers paramètres (consignes de température, occupation des bâtiments, apports internes, gains solaires) ou la description précise de l'enveloppe du bâtiment, et prennent en compte l'inertie du bâtiment de façon très simplifiée.

2 Les outils d'analyse de cycle de vie :

L'étude réalisée par l'AIE dans le cadre du programme *Energy Conservation in Buildings and Community Systems* (ECBCS) a comptabilisé plus d'une vingtaine d'outils d'analyse de cycle de vie dédiés spécifiquement au bâtiment (AIE 2004) [33]. L'analyse de quelques autres études réalisées sur le sujet (BuildingLCA 2001 [34] ; BEQUEST 2000 [35]; Abdelghani-Idrissi *et al.* 2004 [36]; Peuportier *et al.* 2004) [37] montre que BEES, EcoEffect, EcoQuantum, Envest 2, Equer, TEAM, LEGEP et Environmental Impact Estimator (ATHENA) sont parmi les logiciels les plus cités. Le principe de fonctionnement de ces différents outils reste assez similaire. Les données concernant le bâtiment, ses matériaux constitutifs et son utilisation sont saisies ou partiellement fournies par un logiciel d'analyse énergétique (c'est le cas d'Equer). Ensuite, à partir d'une base de données d'inventaire, le logiciel calcule les impacts environnementaux engendrés sur une partie ou l'ensemble du cycle de vie du bâtiment. Ces résultats concernent généralement une dizaine de catégories d'impacts (réchauffement global, pollutions, génération de déchets, etc.) présentés sous forme graphique.

Il existe plusieurs bases de données d'inventaires issues de différents centres de recherche, telles que : EcoInvent (Suisse), Umberto (Allemagne), Franklin US LCI Database (États-Unis d'Amérique), et SimaPro (Pays-Bas).

Conclusion :

La maison écologique est une maison saine où l'on se sent bien et qui s'insère parfaitement dans le cadre environnemental dans lequel on vit, qui tient compte des éléments essentiels que sont le sol, le relief, la végétation, l'orientation, le soleil et le vent, en somme des éléments naturels, des évidences et des réalités que nous avions oubliées et dont nos ancêtres tenaient compte. Le deuxième point fort de la maison bioclimatique c'est son architecture, le troisième ce sont les matériaux nobles et naturels utilisés. Tout ceci débouche sur un habitat « traditionnel » en harmonie avec le site, le climat et l'homme qui va y vivre.

Selon les besoins, une maison bioclimatique propose des solutions adaptées au cas par cas, avec des énergies renouvelables : puits canadien, géothermie, photovoltaïque, solaire, récupération des eaux de pluies, etc...

Afin de concevoir ces systèmes solaires, la maison doit reposer sur trois types de considérations :

• Quels sont les besoins à satisfaire ?

• Quelle est l'importance de la ressource solaire disponible ?

• Enfin, comment adapter au mieux la ressource aux besoins ?

Pour cela, nous faisons appel à l'expérimentation et la modélisation. C'est l'objet des chapitres suivants.

[1] - Conseil Français de l'énergie (2008), «*Les Scénarios du Conseil mondial de l'énergie = Scenarios of the World Energy Council*» Liaison énergie francophonie, N80, p 6-11.

[2] - APRUE (2009) « *Consommation Energétique Finale de l'Algérie* », données et indicateurs, Ministère Algérien de l'Energie et des Mines.

[3] - CITEPA (2000), « *Poussières, particules, aérosols aspects scientifiques et stratégiques d'un problème de pollution atmosphérique* », CITEPA 8 novembre 2000.

[4] - Appel à communication du colloque international - Bâtiments et territoires durables (2008) « *Enjeux et solutions* », Université Abdelhamid Ibn Badis, Mostaganem, Algérie (05 & 06 mai 2008).

[5] - FEIST, W., PEPER, S., GÖRG, M. (2001). « *CEPHEUS: Final Technical Report* ».

[6] - M.A Boukli Hacene, N.E. Chabane Sari, (2009) « *Conception d'un habitat écologique, durable et économe, utilisant les énergies renouvelables* », Mémoire de Magister en Physique, Mars 2009.

[7] - Mohamed Ould el Hadj Brahim (2008), « L'*Architecture Bioclimatique* », HEMMADE.

[8] - ADEME (2006), «*communiqué sur l'architecture bioclimatique* », agence de l'environnement et de la maîtrise de l'énergie.

[9] - Passivhäuser (2008), «*die konsequente Weiterentwicklung der Niedrigenergiehäuser*», Passivhaus Institut, Darmstadt.

[10] - Schnieders, Jürgen, Feist, Wolfgang (1999), « *Für das Passivhaus geeignete Fenster* », CEPHEUS-Projektinformation n°9, Passivhaus Institut, Darmstadt.

[11] - Guerriat Adeline, (2008) « *Maisons passives : Principe et réalisations* ». L'Inédite.

[12] - Carlo De Pauw, (2003). « *Centre de la construction durable* » - Cedubo.

[13] - Carlo De Pauw, (1999). « *La ventilation des habitations* », digest n°5, *CSTC*.

[14] - Les Maisons Eco-Durables, (2009) «*La ventilation double flux*», Les Maisons Eco-Durables.

[15] - Amara. S, Benyoucef. B. (2007), *« Etude d'un système de production et stockage d'eau chaude sanitaire pour le site de Tlemcen »*, Comples heliothechnique, 36B, 3-7,

[16] - Hasting. S. R, Wall. M, (2007), *«Sustainable Solar Housing»*, Volume 2, Exemplary Buildings and Technologies,

[17] - Thomas Schmitz Gürther, *« Installation de récupération d'eau de pluie »*, Eco-logis, la maison à vivre.

[18] - Passiefhuis-Platform vzw Anvers (2003, 2004), Proceedings of the 1st & 2nd *«Benelux Passive House Symposium»*, Turnhout, Belgium.

[19] - Kats, Greg, (2003) *«The Costs and Financial Benefits of Green Buildings»*, A Report to California's Sustainable Task Force.

[20] - Journal Officiel. (2006). *« Arrêté du 24 mai 2006 relatif aux caractéristiques thermiques des bâtiments nouveaux et des parties nouvelles des bâtiments »*, Journal Officiel de la République Française n°121 du 25 mai 2006.

[21] – Energieeinsparverordnung, EnEV (2004) *« Verordnung über energiesparenden Wärmeschutz und energiesparende Anlagentechnik bei Gebäuden »*. Réglementation thermique allemande.

[22] - Minergie (2008). *«Charte MINERGIE 2008 : Une Contribution au développement durable»*, Info aux maîtres d'ouvrage, Publications Minergie , 2008

[23] - Passivhaus Institut (2008). *«Das Institut für Forschung und Entwicklung hocheffizienter Energieanwendung»*, Passivhaus Publikationen, 2008.

[24] - Klimahaus (2008), *«L'Agenzia CasaClima: Chi Siamo»*, Klimahaus/Casaclima.

[25] - Journal Officiel. (2007). *Arrêté du 8 mai 2007 relatif au contenu et aux conditions d'attribution du label « haute performance énergétique »*, Journal Officiel de la République Française no 112 du 15 mai 2007.

[26] - CASBEE (2008). *«Measures to Promote Sustainability»*, Japan Sustainable Building Consortium (JSBC).

[27] - USGBC (2008). « Learn about the LEED green building program », USGBC publications

[28] - BRE Environmental Assessment Method (2008). *«What is BEEAM ?»* Breglobal Publications., The BRE Group.

[29] - Norme R-2000. (2005) *«En quoi consiste R-2000?»* Ressources naturelles Canada.

[30] - Association HQE (2008). *« Plateforme de la construction et de l'aménagement durables»,* HQE Publications.

[31] – Stephane thiers (2008), *« bilans énergétiques et environnementaux de bâtiments à énergie positive»,* thèse de Doctorat spécialité « Energétique », Ecole Nationale Supérieure des Mines de Paris

[32] - EERE (2008). *« Building energy software tools directory »*. Office of Energy Efficiency and Renewable Energy. Department of Energy.

[33] - Agence Internationale de l'Énergie. (2004). *« Directory of tools: A Survey of LCA Tools, Assessment Frameworks, Rating Systems, Technical Guidelines, Catalogues, Checklists and Certificates»*. Rapport de l'annexe 31 du programme Energy Conservation in Buildings and Community Systems (ECBCS). 118 p.

[34] - Department of Environment and Heritage. (2001). *«Project Greening the building life cycle: Life cycle assessment tools in building and construction»*. Australian Government.

[35] - Building environmental quality evaluation for sustainability through time (BEQUEST) (2000). Projet Européen.

[36] - ABDELGHANI-IDRISSI, M. A., BIROT, J.-J., SEGUIN, D., MILLER, A., IP, K. (2004). *« Outils d'analyse environnementale des bâtiments »*. Rapport du projet européen Durabuild. Centre for the Sustainability of the Built Environment (Brighton) et Centre de Développement Durable (Rouen). 24 p.

[37] - PEUPORTIER, B. (2004). *« Deliverable D5 : final technical report including monitoring results and analysis, REGEN-LINK, site 4 La Noue »*. OPHLM de Montreuil et ARMINES. 76 p.

CHAPITRE 2 : Aspects économique énergétique et environnementale d'une habitation sur le site de Tlemcen

Le bilan énergétique global de l'Algérie de l'année 2009, montre que la consommation énergétique finale est évaluée à 30,98 Millions de TEP (Tonne Equivalent Pétrole) [1], et fait ressortir une prédominance de la consommation énergétique du secteur des ménages soit plus de 41 % contre 19% pour le secteur de l'industrie et 33% pour celui des transports (Figure 1). Dans cette partie, nous présentons une analyse de l'utilisation des différents vecteurs énergétiques dans une habitation individuelle en milieu urbain, ainsi que les paramètres thermiques influençant le bâtiment. Nous avons identifié les sources de déperditions énergétiques, ainsi que les possibilités d'économie d'énergie pour ce bâtiment. Les résultats obtenus sont comparés à la même maison mais construite avec des matériaux écologiques plus respectueux de l'environnement, le but est d'avoir une idée précise sur les économies réalisées, les besoins de chauffage et du refroidissement, du bilan carbone et rejet de CO_2 et le temps d'amortissement.

I. Introduction

Notre pays doit faire face à une pénurie prévisible d'énergies fossiles et aux conséquences de leur utilisation insouciante. Etant donné que la consommation d'énergie est croissante d'une année à l'autre (voire Figure 2), nous somme dans l'obligation de développer des techniques innovantes pour apporter des solutions au moins partielles à la double problématique de l'utilisation des ressources et de la lutte contre la pollution. Le secteur du logement porte une part non négligeable des responsabilités en la matière.

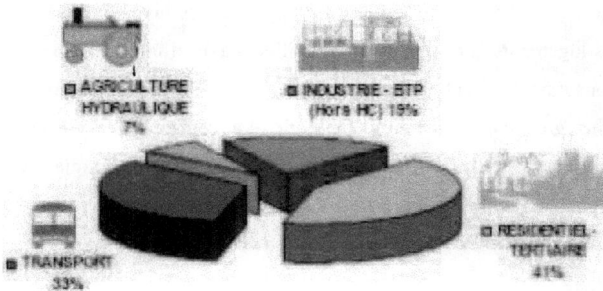

Figure 1 : Consommation finale par secteur d'activité [1]

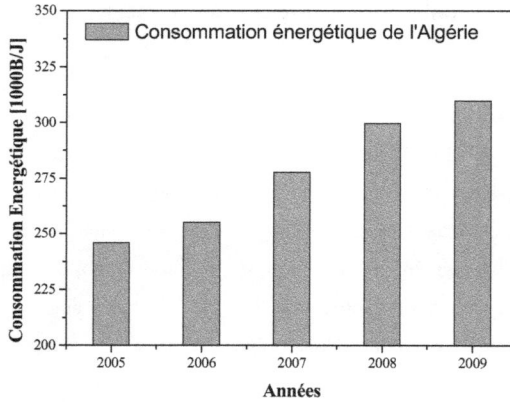

Figure 2 : Consommation énergétique de l'Algérie [2]

Dans ce contexte, le secteur du bâtiment, très énergétivore, mobilise des programmes de recherche importants visant à réduire son impact environnemental dans le cadre d'une politique de développement durable. La loi algérienne sur la maîtrise de l'énergie [3] et les nouveaux textes réglementaires mis en place récemment [4-6] sont venus fixer le modèle de consommation énergétique national des bâtiments et définir le cadre général des différentes actions, afin d'envisager la réalisation de bâtiments à énergie positive, c'est à dire sur un bilan annuel produisant plus d'énergie qu'ils n'en consomment. S'inspirant d'études conduites sur ce thème [7], le travail présenté en partie ici a pour objectif de faire une comparaison des différents bilans (énergétiques, économiques et environnementaux) entre une maison classique se trouvant sur la ville de Tlemcen (Algérie) et la même maison construite avec des matériaux écologiques. Le but recherché est d'apprécier les niveaux réels de consommation énergétique des logements et d'identifier les meilleurs axes d'intervention qui permettront de diminuer la consommation énergétique dans le secteur du bâtiment réputé être parmi les secteurs les plus gros consommateurs d'énergie. La confrontation émise dans ce travail montre une différence significative tant sur les plans énergétique, qu'économiques, qu'environnementaux, ce qui nous laisse très optimistes sur le rendement des habitats écologiques dans notre pays, ainsi que le matériau de construction.

II. Caractéristiques géographiques :

Tlemcen est une ville située au nord – ouest de l'Algérie, à 580 Km de la capitale Alger, à une latitude de 34.56°, une longitude de -1.19° et une altitude de 830 m. Elle est caractérisée par des conditions climatiques assez particulières à savoir des étés chauds et secs et des hivers froids et rigoureux. Il est important de faire remarquer que son climat est quelque peu adouci par l'influence de la mer méditerranée relativement toute proche (à 45 Km).

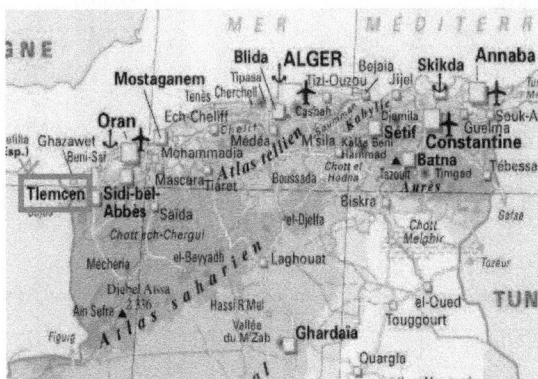

- **Fig.3** : Situation de la ville de Tlemcen (Carte d'Algérie) [8] -

II. 1 - Radiations solaires :

Toute utilisation du rayonnement solaire doit tenir compte des conditions climatiques locales et régionales. Il est largement admis que tous les processus atmosphériques observés sont la conséquence du rayonnement solaire reçu.

Ainsi, la mesure du rayonnement solaire revêt un caractère spécial. [9].

Pour cela, nous avons calculé la variation annuelle du rayonnement global direct, et diffus horizontal. Comme le montre la Fig.4, la plus grande croissance pour l'ensemble des rayonnements est située entre février et mars et que le maximum est obtenu en juillet pour l'horizontal, avec une légère stabilité du rayonnement global plan incliné entre mars et octobre. Les valeurs annuelles du rayonnement solaire diffus représentent 35-44% du rayonnement global.

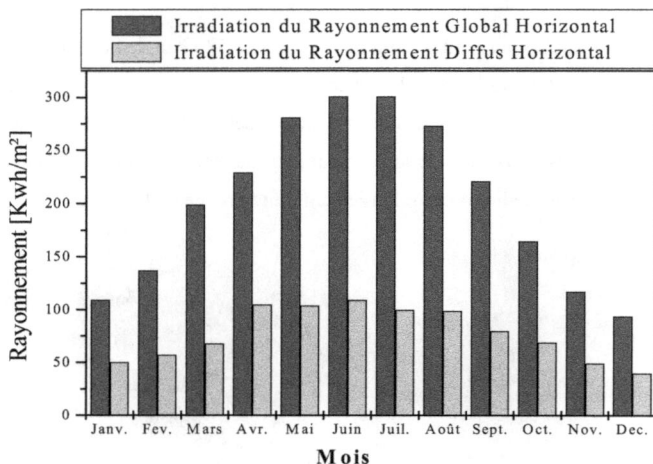

- **Figure 4:** Variation du rayonnement global et diffus horizontal -

Mois	IRDRH	IRDFH	T air	Vit. Vent	Hum. Rel
Unité	[W/m²]	[w/m²]	[°C]	[m/s]	[%]
Janvier	59	50	10.8	2.2	73
Février	80	57	11.3	1.8	72
Mars	131	68	13.7	1.7	71
Avril	124	105	15.5	2.3	65
Mai	177	104	18.7	2.3	62
Juin	193	109	23.4	2.5	56
Juillet	201	100	25.7	2.4	54
Août	174	99	26.1	2.2	58
Septembre	140	80	22.9	2.1	64
Octobre	96	69	19.4	1.8	68
Novembre	68	49	14.3	2.1	73
Décembre	54	40	11.7	2.2	74
Moy. Année	125	78	17.8	2.1	66

- **Tableau 1:** Données Météorologiques annuelles de la ville de Tlemcen [10] -

II. 2 Température de l'air :

Il est difficile de définir avec exactitude les conditions de confort d'une habitation. Le confort thermique est donc fonction des changements ainsi que la température atteinte ; la largeur de la « zone de confort » dépendra donc de l'équilibre entre ces deux types d'action.

La relation adaptative entre la température de confort et la température extérieure peut être utilisée pour aider à concevoir l'intérieur des bâtiments. La température intérieure de confort (Tc) est calculée à partir des températures extérieures moyennes (Tm) et tracée sur une base mensuelle au même titre que la moyenne mensuelle du maximum journalier (Temax) et du minimum journalier (Temin) et de la température de l'air extérieur moyenne (Tm) [11].

	T. max [°C]	T. moy°C]	T. min [°C]	T. Conf [°C]
Janvier	14,5	10,8	5,3	19,33
Février	16	11,3	6,3	19,6
Mars	18	13,7	7,6	20,9
Avr.	19,8	15,5	8,7	21,87
Mai	23,6	18,7	11,3	23,6
Juin	28,8	23,4	15,1	26,13
Juil.	33	25,7	18,1	27,37
Aout	33,6	26,1	18,9	27,59
Sept.	29,1	22,9	16,1	25,86
Oct.	24,1	19,4	12,9	23,97
Nov.	18,7	14,3	9,1	21,22
Dec.	16,7	11,7	7,2	19,81

- **Tableau 2:** Variations saisonnières des températures [10] -

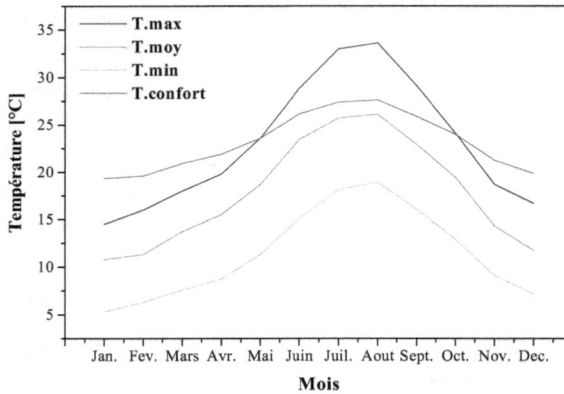

- **Fig.5 :** Variations saisonnières des températures du site de Tlemcen –

Les courbes de températures consignées sur la Fig.5, montrent les variations saisonnières de la température moyenne de confort, Tc, à Tlemcen, et son rapport avec la moyenne journalière maximum, minimum et la température extérieure moyenne Tm. La relation utilisée pour calculer la température de confort à partir de la température extérieure est donnée par Humphreys (1978) [12].

III – Les Besoins Energétiques et confort :

Beaucoup de travaux ont présenté un "indice" basé sur la théorie d'échange thermique qui est en définitif la réponse probable à l'ensemble des facteurs ; notons parmi ces travaux, ceux de Nevins et Gagge (1972) [13] qui ont introduit la notion de température effective (ET) et sa version étendue à la température effective standard (SET), qui ont constitué la base des normes de construction aux Etats-Unis [14], ou celui de Humphreys [15], qui, en 1978 a établi une relation entre la température de confort et la température moyenne extérieure :

$$T_C = 13.5 + 0.54\ T_0 \qquad (1)$$

Tc : Température de Confort (°C)

T_0 : Température ambiante (°C)

III.1 Les paramètres énergétiques :

L'énergie finale (électrique Ee et thermique 'calorifique' Ew), consommée par un bâtiment à usage d'habitation, permet de compenser l'ensemble des diverses pertes thermiques par les parois, par ventilation et aussi celles des diverses installations de transformation d'énergie.

Les méthodes appliquées pour le calcul des différentes composantes du bilan énergétique sont établies différemment, en fonction des conditions climatiques, par zone, pour chaque pays [16, 17].

Ces méthodes sont actualisées périodiquement, pour mieux les adapter aux exigences des normes établies d'une part et à l'utilisation des équipements à faible consommation d'énergie d'autre part.

L'énergie finale, pour le chauffage du local, est donnée par l'expression:

$$E_w = Q_w + Q_v \qquad (2)$$

Q_w : Besoins en chaleur.

Q_v : Somme des pertes en chaleur.

$$Q_w = Q_h + Q_{ww} \qquad (3)$$

Q_h : Besoins pour le chauffage.

Q_{ww} : Besoins pour l'eau chaude.

$$Q_h = (Q_t + Q_1) - Q_g \qquad (4)$$

Q_t : Besoins en chaleur par transmission.

Q_1 : Besoins en chaleur par ventilation.

Q_g : Apports en chaleur.

$$Q_g = f_g \times Q_f \qquad (5)$$

Q_f : Chaleur interne et externe.

f_g : Taux d'utilisation de la chaleur.

III.1 a. Pertes par transmission des parois et renouvellement d'air par ventilation :

Les pertes par transmission des parois ou de l'enveloppe du bâtiment et par renouvellement d'air sont très importantes dans le cas des habitations individuelles. Elles sont à leur maximum durant la période hivernale. Celles-ci dépendent de la différence de température entre la température intérieure et la température extérieure, et la réduction des pertes sont influencées fortement par la qualité des matériaux isolants utilisés. Ces pertes sont compensées par les apports suivants:

- apports par énergie solaire,

- apports internes par les personnes et les équipements électriques.

Les pertes par les différentes parois et celles dues au renouvellement d'air sont données par les relations suivantes:

$$Q_t = Q_{t\ Toit} + Q_{t\ Parois} + Q_{t\ Fenêtres} + Q_{t\ Plancher} \qquad (6)$$

$$Q_{t\ i} = A_i \times k_i \times TCH \times 24 \times (1/1000) \qquad (7)$$

$Q_{t\ i}$: Pertes par élément 'toiture, paroi, fenêtre, plancher' (kWh)

A_i : Surface de l'élément (m^2)

k_i : Facteur k de l'élément (W/m².K)

TCH : Taux de chauffage (K x jour/an)

$$Q_l = n \times V \times C_p \times \rho_l \times TCH \times 24 \times (1/3600) \qquad (8)$$

Les apports internes et externes sont donnés par la relation ci-après:

$$Q_f = Q_s + Q_p + Q_e \qquad (9)$$

Q_s : Apports par énergie solaire

Q_p : Apports par les occupants

Q_e : Apports par les équipements électriques.

III.1.b Apports par énergie solaire :

Les apports solaires les plus importants de l'année (mai-septembre) ne sont pas en phase avec les besoins pour le chauffage, période située entre les mois d'octobre et d'avril.

Le dispositif de captage est constitué d'éléments de façades vitrées (orientation sud +/- 30°), qui permettent un captage direct de l'énergie solaire. Durant la période d'été, une protection contre les surchauffes doit être apportée. Ces différents éléments, doivent faire l'objet, durant la phase de l'étude architecturale, d'une attention particulière et d'un choix judicieux des matériaux.

Les apports par énergie solaire par les parois vitrées sont donnés par l'expression suivante:

$$Q_s = RH \times f_b \times g \times f_r \times A_f \qquad (10)$$

RH : Rayonnement global par jour de chauffage

fb : facteur de réduction (ombrage et poussière)

g : Taux global de transmission

fr : Surface du vitrage (sans cadre)

Af : Surface des fenêtres.

III.1. c Apports internes par les occupants et les équipements électriques :

La chaleur dégagée par les occupants, habitant le bâtiment, et les différents équipements électriques utilisés par ces derniers pour leurs besoins, constituent les apports internes en chaleur.

Pour les occupants, c'est le niveau d'activité qui modifie le contenu calorifique du corps (convection, radiation, évaporation par respiration et sudation). [18]

Les apports par les occupants sont:

$$Q_p = C_p \times P \times h_p \times NJC \pm 1/1000 \qquad (11)$$

La chaleur apportée par les équipements électriques est donnée par l'expression suivante:

$$Q_e = E_e \times f_e \times NJC/365 \pm 1 \ 1000 \qquad (12)$$

C_p : Chaleur dégagée par occupant (W/occupant)

P : Nombre d'occupant

h_p : Présence par jour (h/jour)

NJC : Nombre de jours chauffés (jours/an)

E_e : Consommation d'électricité (kWh/m^{2}an)

f_e : Facteur de réduction.

III.2 Notions du degré jours pour le chauffage et/ou refroidissement :

L'évaluation de la demande en énergie nécessite la prise en compte de l'écart de température entre l'ambiance intérieure et l'extérieur, or la température varie d'un lieu à un autre.

La notion de degré jour a été introduite pour permettre la détermination de la quantité de chaleur consommée par un bâtiment sur une période de chauffage donnée et pour effectuer des comparaisons entre des bâtiments situés dans différentes zones climatiques.

III. 2. a. Degré jour de chauffage :

Le nombre de degrés jours d'une période de chauffage est égal au produit du nombre de jours chauffés multiplié par la différence entre la température intérieure moyenne du local considéré et la température extérieure moyenne.

DJ = nombre de jours chauffés x (T intérieure moyenne - T extérieure moyenne).

En toute rigueur, le calcul des degrés jours repose sur le calcul des apports solaires propres au bâtiment.

III.2. b. Degré jour de refroidissement :

Identique au degré-jour de chauffage sauf qu'il mesure les besoins en climatisation domestique au cours des mois chauds d'été. En général, les besoins en climatisation sont proportionnels à l'écart positif par rapport au seuil de 1°C.

Les **degrés jour unifiés** ou **DJU** permettent de réaliser des estimations de consommations d'énergie thermique en proportion de la rigueur de l'hiver.

Afin d'évaluer le nombre de degré jour unifié (DJU) pour le chauffage et le refroidissement pour le site de Tlemcen, la connaissance des températures moyennes horaires et mensuelles est nécessaire pour un dimensionnement adéquat des génératrices photos thermiques, des serres agricoles et pour la climatisation des maisons. A cet effet, nous présentons les résultats de la modélisation des températures ambiantes du site de Tlemcen (Fig.6). [19]

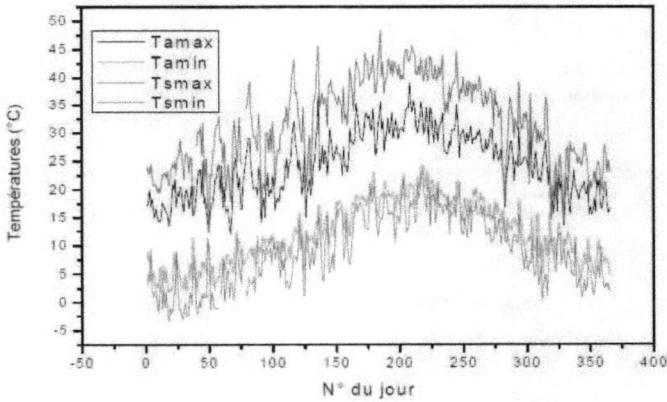

- Fig.6 : Variation des Températures journalières (Max et Min) ambiantes et au sol du site de TLEMCEN [19] –

A la lumière des résultats obtenus et présentés sur la Fig.6, l'écart entre les températures maximales et minimales du site de Tlemcen ne dépasse pas 10°C quelle, que soit la saison.

40

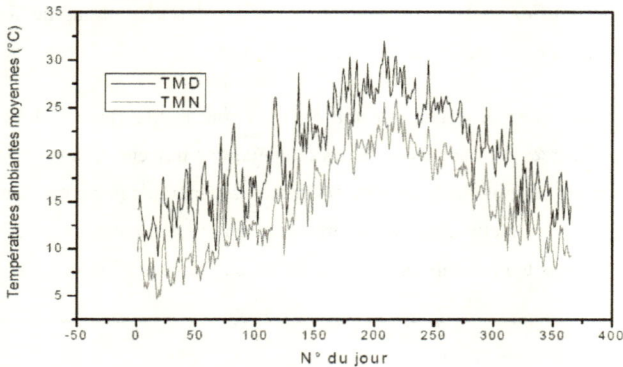

- **Fig.7** : Variation journalière des températures ambiantes moyennes diurnes (TMD) et nocturnes (TMN) du site de TLEMCEN [19] -

La Fig.7 montre la variation des températures ambiantes moyennes journalières pour le calcul du nombre de degré jours durant toute l'année pour un bâtiment considéré, implanté à Tlemcen.

A partir des données enregistrées présentées dans la Fig.7, nous pouvons tirer les valeurs consignées dans le tableau 3, ci après. [20]

Mois	Tc	Température moyenne ambiante	Dj pour le chauffage			Dj pour la climatisation		
			15°C	Tc	18° C	22°C	Tc	25° C
Janvier	19.13	10.43	141.67	192.5	234.67			
Février	19.98	12.01	83.72	134	167.72			
Mars	21	13.9	50.06	146	127.1			
Avril	21.70	15.2	24	125.5	84			
Mai	23.16	17.89	5.24	91	33.82			
Juin	25.44	22.11				30.13	30	3.48
Juillet	26.71	24.46				77.98	8	12.52
Août	26.56	24.19				68.93	19	12.33
Septembre	25.58	22.38				18.18	27	1.53
Octobre	23.49	18.5	12.91	93.5				
Novembre	21.9	15.56	19.13	117.5	76.31			
Décembre	20.49	12.95	65.31	152	156.54			
Total			402.04	1052	880.16	195.22	84	29.86

- **Tableau 3** : Calcul du nombre de degrés jours mensuel (Dj) [20] -

D'après ce tableau, le site de Tlemcen est caractérisé par une durée de chauffage beaucoup plus longue (d'octobre à mai) dont le nombre de degré jour :

• Pour une température de confort (15°C), Dj = 402.04

41

• Pour une température de confort (18°C), Dj = 880.16

• Pour la température de confort calculé pour chaque jour, Dj = 1052

Et une courte durée de refroidissement de juin à septembre dont :

• Pour une température de confort (22°C), Dj = 195.22

• Pour une température de confort (25°C), Dj = 29.86

• Pour la température de confort calculé pour chaque jour, Dj = 84. [20]

IV Description de la Maison :

La maison étudiée est située a Tlemcen (Ouest d'Algérie), elle présente une superficie d'assiette de 100 m² conçue en R+2 étages (Figure 8), Le rez-de-chaussée comporte un hall, un garage, un salon, et un bain, au premier étage, il y'a un salon, une cuisine, un petit hall, et une petite salle de bain, au second étage, il y'a 3 chambres, un hall et une salle de bain, les superficies de chaque pièces sont représentées sur les figures ci-dessous (Figure 9). L'architecture et la disposition de la maison lui permettent de mieux capter le rayonnement solaire puisque les pièces à vivre sont orientées au sud est et au sud ouest, ce principe de l'architecture bioclimatique est exigée pour la conception écologique. Les murs extérieurs en briques comportent une couche double parois de 30 cm (Le coefficient de transmission thermique U = 3.5 W/m².K), les mures intérieurs en briques ont une épaisseur de 13cm, la dalle 20 cm de bêton (U = 4 W/m².K), simple vitrage, les fenêtres et les portes sont en bois (U = 2.5 W/m².K), les portes extérieures en fer (U = 5.8 W/m².K).

- **Figure 8:** La maison étudiée (Vue Sud – Sud Est) [21]-

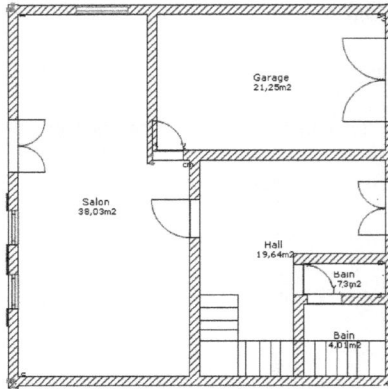

Rez-de-chaussée

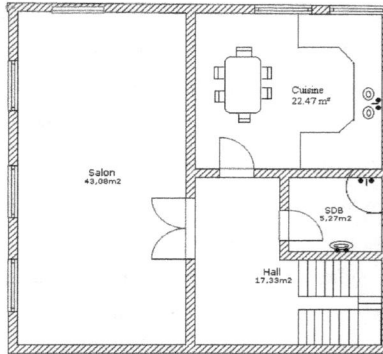

1er Etage

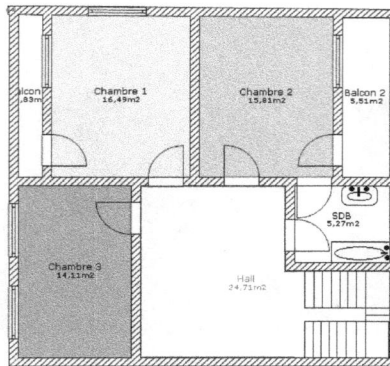

Second Etage

- Figure 9: Plans de la maison étudiée [21] –

Sur le tableau 4, nous avons répertorié les déperditions de chaque élément de la maison, en tenant compte de la superficie de chaque pièce, les périmètres des murs, ainsi que les différents coefficients de transmission thermique (U) des éléments de construction.

Déperditions		Murs	Fenêtres	Portes	Plafond	Total des Déperditions
Coefficient U		3.5	2.5	2.5/5.8	4	
Rez-de-chaussée						
Salon	S	77.76 – 13.7	4.5	9	38.03	
	U.S	224.21	11.25	37.36	152.12	424.93
Garage	S	54 – 8.8	-	8.8	21.25	
	U.S	158.2	-	43.615	85	265.2
Hall	S	52.11 - 9		9	19.64	
	U.S	150.885	-	37.35	78.56	251.94
Bain	S	11.8 – 1.8		1.8	6.74	
	U.S	35	-	4.5	26.96	66.46
1er étage						
Cuisine	S	19.6-6.3	4.5	1.8	22.47	
	U.S	46.55	11.25	4.5	89.88	167.03
Salon	S	78.84 – 12.6	9	3.6	38.03	
	U.S	231.84	22.5	9	152.12	445.16
SDB	S	24.84-2.05	0.25	1.8	5.27	
	U.S	79.765	0.107	4.5	21.08	106.795
Hall	S	54 – 7.2	-	7.2	17.33	
	U.S	163.8	-	18	69.32	251.12
2ème étage						
Chambre 1	S	45.9-8.1	4.5	3.6	16.49	
	U.S	132.3	11.25	14.94	65.96	233.36
Chambre 2	S	45.36-7.65	2.25	5.4	15.81	
	U.S	131.985	0.97	19.44	63.24	239.595
Chambre 3	S	43.74-6.3	4.5	1.8	14.11	
	U.S	93.6	11.25	8.04	56.44	186.58
Hall	S	63.72-7.2	-	7.2	24.71	
	U.S	197.82	-	18	98.84	338.42
SDB	S	24.48-3.85	0.25	3.6	5.27	
	U.S	72.205	0.107	9	21.08	115.615
		1718.16	74.38	227.4	980.6	3000.205

- **Tableau 4 :** Total des déperditions d'énergie dans le bâtiment -

Dans ces conditions, la somme total des déperditions (pour $\Delta T=1°C$) du bâtiment est de

$P = 3000.205$ W/°C, où le coefficient G de déperdition volumique est:

$$G = \frac{P}{V_H} = 6.52 \ (W \ / \ m^3 \ °C) \qquad (13)$$

Bien qu'il soit plus difficile de tenir compte des exigences thermiques des occupants, ces derniers, accepteront-ils de ne pas utiliser certaines pièces en hiver pour le chauffage ou en été pour la climatisation ? Compte tenu de tout ça, on peut alors évaluer les besoins comme suit :

$$\textbf{C = 24 * G * Vh *Dj} \qquad (14)$$

• Les besoins annuels en chauffage

- Pour une température de confort de 15°C, d'octobre à mai : Dj = 402.04

Soit C = 28948.85 KWh (96.49 KWh/m²) équivalent à une facture électrique de 22720 DA,

TTC, à raison de 7573.33 DA par trimestre.

- Pour une température de confort de 18°C, de novembre à mai : Dj = 880.16

Soit C = 63375.85 KWh (211.25 KWh/m²) équivalent à 25039 DA, TTC, à raison de 8346.33 DA par trimestre.

- Pour la température de confort calculée Tc, d'octobre à mai : Dj = 1052

Soit C = 75749.17 KWh (252.49 KWh/m²), équivalent 26875 DA, TTC, à raison de 8960 DA par trimestre.

• Les besoins annuels en climatisation :

- Pour une température de confort de 22°C, de juin à septembre : Dj = 195.22

Soit C = 14471 KWh (48.23 KWh/m²) équivalent 5427 DA, TTC, par trimestre.

- Pour une température de confort de 25°C, de juin à septembre : Dj = 29.86

Soit C = 2216 KWh (7.38 KWh/m²) équivalent 1936.50 DA, TTC, par trimestre.

- Pour la température de confort calculée Tc, de juin à septembre : Dj = 84

Soit C = 6233.88 KWh (20.78 KWh/m²) équivalent 3650 DA, TTC, par trimestre

Une Maison Ecologique à Tlemcen :

Sur le plan architectural, le bâtiment garde les même spécificités : avec une surface habitable de 100 m². Il y a lieu de prendre ici en considération le coefficient de déperdition volumique G tenant compte de l'épaisseur des murs, des matériaux ; nous avons choisi le bois comme matériau de conception, pour ses différentes caractéristiques avantageuses : puisque le bois à une faible inertie thermique, son coût de construction est plus économique, il dégage uniquement du CO_2 atmosphérique, enfin, son coefficient de transmission thermique est assez bas, par rapport à d'autres matériaux écologiques (comme la brique monomur), ce qui lui permet d'être considéré comme étant un super isolant. Ainsi les murs extérieurs, seront à ossature bois de 30 cm, et comportent une couche de 22 cm d'ouate de cellulose (U = 0.163 W/m².K). La dalle isolée par 20 cm de ouate de cellulose (U = 0.118 W/m².K). Nous utiliserons aussi un double vitrage très performant (20 mm U = 1.1 W/m².K). Les portes extérieures isolées vont êtres installées de manière à assurer une bonne étanchéité à l'air (U = 0.94 W/m².K).

Sur le tableau 5, nous avons présentons les déperditions de chaque élément de la maison :

Déperditions		Murs	Fenêtres	Portes	Plafond	Total des Déperditions
Coefficient U		0.163	1.1	0.94	0.118	
Rez-de-chaussée						
Salon	S	77.76 – 13.7	4.5	9	38.03	
	U.S	10.44	4.95	8.46	4.487	28.377
Garage	S	54 – 8.8	-	8.8	21.25	
	U.S	7.36	-	8.272	2.5	18.132
Hall	S	52.11 - 9		9	19.64	
	U.S	7.026	-	8.46	2.317	17.803
Bain	S	11.8 – 1.8	-	1.8	6.74	
	U.S	1.63	-	1.692	0.795	4.117
1er étage						
Cuisine	S	19.6-6.3	4.5	1.8	22.47	
	U.S	2.167	4.95	1.692	2.65	11.459
Salon	S	78.84 – 12.6	9	3.6	38.03	
	U.S	11.076	9.9	3.384	4.487	28.847
SDB	S	24.84-2.05	0.25	1.8	5.27	
	U.S	3.71	0.275	1.692	0.621	6.298
Hall	S	54 – 7.2	-	7.2	17.33	
	U.S	7.628	-	6.768	2.04	16.436
2ème étage						
Chambre 1	S	45.9-8.1	4.5	3.6	16.49	
	U.S	6.16	4.95	3.384	1.945	16.439
Chambre 2	S	45.36-7.65	2.25	5.4	15.81	
	U.S	6.146	2.475	5.076	1.865	15.562
Chambre 3	S	43.74-6.3	4.5	1.8	14.11	
	U.S	4.358	4.95	1.692	1.664	12.664
Hall	S	63.72-7.2	-	7.2	24.71	
	U.S	9.212	-	6.768	2.915	18.892
SDB	S	24.48-3.85	0.25	3.6	5.27	
	U.S	3.36	0.275	3.384	0.621	7.64
		80.273	32.725	60.724	28.907	**202.61**

- **Tableau 5 :** Total des déperditions d'énergie dans la Maison écologique-

Dans ces conditions, la somme total des déperditions (pour $\Delta T=1°C$) du bâtiment est de

$P = 202.61 W/°C$, où le coefficient G de déperdition volumique est:

• Les besoins annuels en chauffage

- Pour une température de confort de 15°C, d'octobre à mai : Dj = 402.04

Soit C = 1954.975 KWh (6.516 KWh/m²) équivalent à une facture électrique de 12272.5 DA,

TTC, à raison de 4090.83 DA par trimestre.

- Pour une température de confort de 18°C, de novembre à mai : Dj = 880.16

Soit C = 4279.90 KWh (14.26 KWh/m²) équivalent à 15760.39 DA, TTC, à raison de 5253.46 DA par trimestre.

- Pour la température de confort calculée Tc, d'octobre à mai : Dj = 1052

Soit C = 5115.49 KWh (17.05 KWh/m²), équivalent 18944.5 DA, TTC, à raison de 6314.83 DA par trimestre.

• Les besoins annuels en climatisation :

- Pour une température de confort de 22°C, de juin à septembre : Dj = 195.22

Soit C = 949.28 KWh (3.16 KWh/m²) équivalent 1967 DA, TTC, par trimestre.

- Pour une température de confort de 25°C, de juin à septembre : Dj = 29.86

Soit C = 145.20 KWh (0.48 KWh/m²) équivalent 331.65 DA, TTC, par trimestre.

- Pour la température de confort calculée Tc, de juin à septembre : Dj = 84

Soit C =408.46 KWh (1.36 KWh/m²) équivalent 840.17 DA, TTC, par trimestre

V. Adaptation des ressources aux besoins :

Le fait qu'on ait le plus besoin de soleil au moment où il est le moins disponible constitue évidemment le principal handicap du chauffage solaire. La partie suivante illustre parfaitement le déphasage entre ressources et besoins pour 3 types de températures.

Si l'on pouvait stocker une fraction de l'énergie estivale disponible jusqu'à son utilisation en hiver, les besoins en chauffage non – solaire pourraient être énormément réduits ou bien même supprimés.

En équipant une telle maison de capteurs solaires, d'importantes économies seront réalisées.

En absence du stockage, la puissance installée restera la même, à tout moment, à la demande maximale représentée par la somme de toutes les puissances installées du pays.

Sur les tableaux 6 et 7, nous avons répertorié les besoins mensuels de chauffage, de climatisation, ainsi que l'irradiation du rayonnement diffus, pour les 2 maisons, et cela pour faire une comparaison entre les ressources et les besoins.

Mois	Besoins Chauffage			Besoins Climatisation			Irradiation Globale
	15°C	Tc	18° C	22°C	Tc	25° C	
Janvier	2.295	3.118	3.801				109
Février	1.356	2.170	2.717				137
Mars	0.810	2.365	2.135				199
Avril	0.302	2.033	1.360				229
Mai	0.088	1.474	0.547				281
Juin				0.488	0.486	0.058	301
Juillet				1.263	0.129	0.202	301
Août				1.158	0.307	0.199	273
Septembre				0.294	0.437	0.024	221
Octobre	0.209	1.514					165
Novembre	0.309	1.903	1.236				117
Décembre	1.058	2.462	2.536				94
Total	6.516	17.05	14.26	3.16	1.36	0.48	

- **Tableau 6:** Besoins de chauffage, de climatisation et Irradiation du rayonnement diffus
(Maison écologique) -

Mois	Besoins Chauffage			Besoins Climatisation			Irradiation Globale
	15°C	Tc	18° C	22°C	Tc	25° C	
Janvier	35.04	47.54	58.05				109
Février	20.71	33.098	41.49				137
Mars	12.38	36.062	31.44				199
Avril	5.936	31	20.78				229
Mai	1.296	22.47	8.366				281
Juin				7.44	7.41	0.859	301
Juillet				19.26	1.976	30.09	301
Août				17.02	4.69	3.045	273
Septembre				4.49	6.669	0.3779	221
Octobre	3.19	23.09					165
Novembre	4.73	29.02	18.85				117
Décembre	16.15	37.54	38.66				94
Total	99.45	260.22	217.73	48.23	20.78	7.38	

- **Tableau 7:** Besoins de chauffage, de climatisation et Irradiation du rayonnement diffus
(Maison Conventionnelle) -

V. 1. L'évolution dans le temps du couple apports/ besoins de chauffage des 2 Maisons:

Afin de déterminer les bilans énergétiques exacts des deux maisons, nous avons calculé les besoins d'énergies de chaque maison durant une année pour la température du confort

Pour Tchauffage= 15°C et Trefroidissement = 25 °C

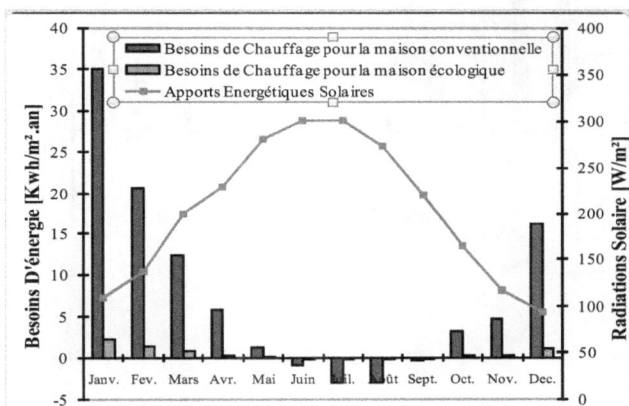

Fig.10: comparaison entre les ressources et les besoins des 2 maisons pour Tchauffage= 15°C et Trefroidissement = 25 °C

Pour Tchauffage= Tc et Trefroidissement = Tc

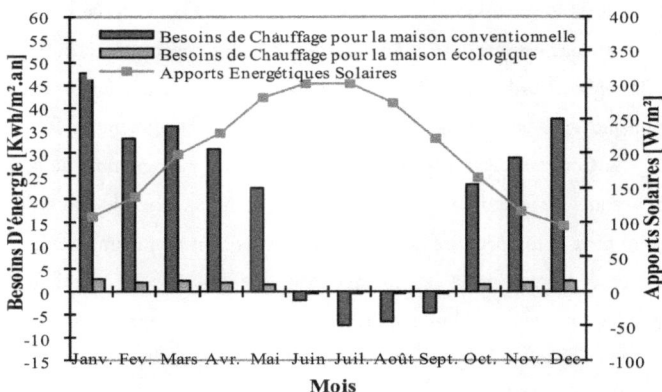

Fig.11: comparaison entre les ressources et les besoins des 2 maisons pour Tchauffage = Trefroidissement = Tc

Pour Tchauffage= 18°C et Trefroidissement = 22 °C

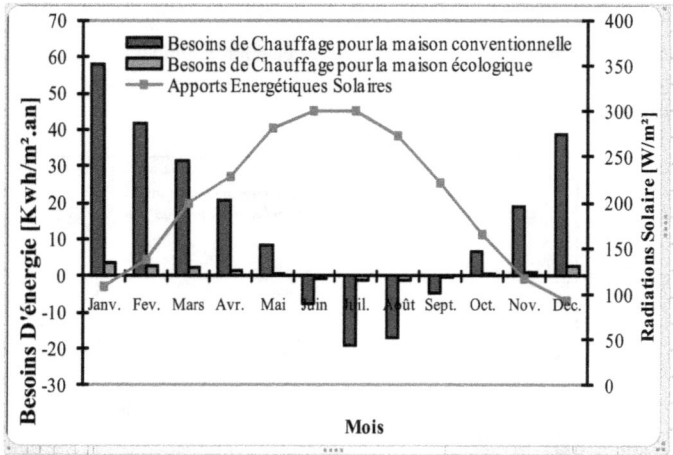

Fig.12: comparaison entre les ressources et les besoins des 2 maisons pour Tchauffage= 18°C et Trefroidissement = 22 °C

La courbe rouge correspond aux apports énergétiques solaires, les histogrammes marron et bleu représentent respectivement les besoins de chauffage de la maison conventionnelle et ceux de la maison écologique. Nous remarquons que les besoins de chauffage de maison conventionnelle pour les 3 types de températures sont assez importants, cela est dû principalement à la disposition de la maison, ainsi qu'aux matériaux utilisés dans la construction. Pour une température intérieure de 18°C les besoins de chauffage sont assez importants, ils sont de l'ordre de 57.5 Kwh/m².an pour le mois de janvier par exemple, et cela est claire puisque nous savons que l'augmentation d'1°C ; augmentera la consommation d'énergie de 7%. Contrairement à la température de 18°C; l'histogramme de la Tc est moins allongé, les besoins de chauffage serait de 47.5 Kwh/m².an pour le mois de janvier par exemple. Enfin pour la température de 15°C, les besoins sont moins importants que les deux températures précédentes ; et c'est logique, puisque les besoins diminuent quand la température intérieure voulue diminue. L'histogramme bleu représentant les besoins de chauffage pour la maison écologique, est presque le même pour les 3 types de température, cela est dûe à l'excellente isolation de la maison, dont elle ne permettra pas la sensation de l'inconfort thermique intérieur. Même si l'architecture et la disposition restent les mêmes entre les 2 maisons, la différence entre les bilans énergétiques est assez importante soit 93%

de l'énergie est économisée grâce à l'isolation. Notons que les besoins de chauffage négatifs des deux types de maison ; représentent en fait la demande en climatisation (refroidissement), pour les mois de (Juin, Juillet, Aout et Septembre).

V. 2. Bilan énergétique:

Le logiciel K55 est utilisé pour le calcul du bilan énergétique, nous pouvons donc constater d'une part que la consommation énergétique dans la maison conventionnelle est due principalement aux murs (35% de la consommation total), au chauffage (22.5%) ainsi qu'aux pertes par le plafond (19%). Part ailleurs, la consommation énergétique de la maison écologique sera due aux portes et vitrages (26%), le chauffage (23%) ainsi qu'aux pertes par les murs (21.5%).

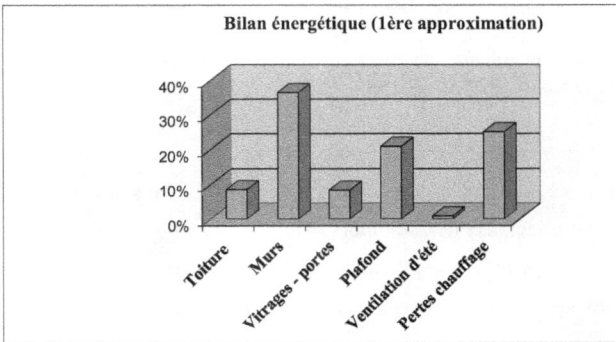

- **Figure 13:** Maison conventionnelle [22] -

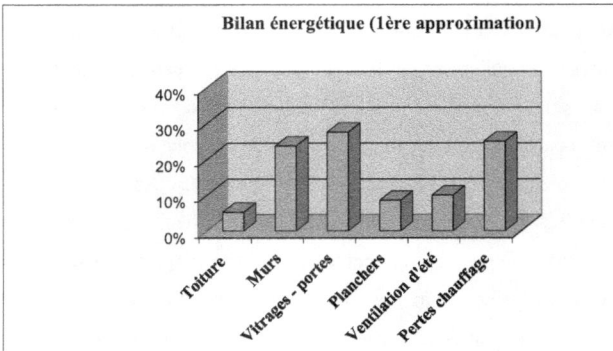

- **Figure 14:** Maison écologique -

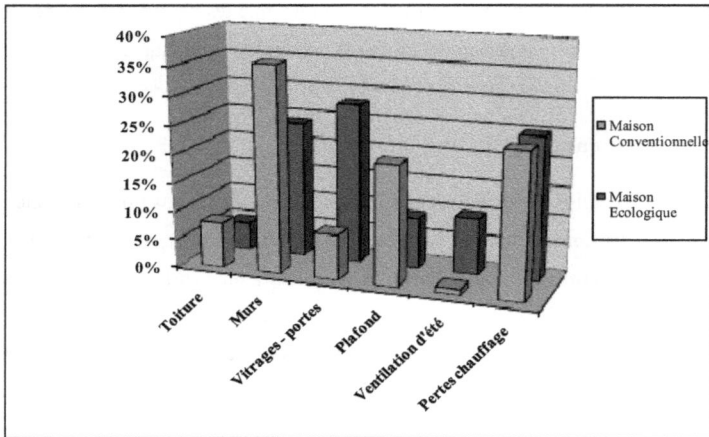

- **Figure 16:** Comparaison entre le Bilan énergétique de la maison écologique et celui de la
maison conventionnelle -

Ce travail nous a permis de calculer les bilans énergétiques des deux maisons, nous pouvons donc constater d'une part que la consommation énergétique dans la maison conventionnelle 'classique) est due principalement aux murs (35% de la consommation totale), au chauffage (22.5%) ainsi qu'aux pertes par le plafond (19%). Part ailleurs, la consommation énergétique de la maison écologique sera due aux portes et vitrages (26%), le chauffage (23%) ainsi qu'aux pertes par les murs (21.5%).

V.3. Rapport Apports/Besoins d'énergie :

Les apports en chauffage auxiliaire pour la maison conventionnelle, dans le cadre de cette étude, sont assurés essentiellement par la combustion de gaz naturel. Quant aux gains solaires, ils sont fonction du rayonnement solaire incidente mais surtout de la durée journalière d'ensoleillement, courte en hiver et longue en été. Il y a donc adéquation, entre, les besoins élevés et l'offre faible en énergie solaire, durant la période de chauffage.

Les gains internes sont principalement constitués par les dégagements en chaleur des occupants, de l'éclairage et des équipements électroménagers utilisés dans l'habitation. L'énergie dégagée par les occupants est fonction de la durée de leur présence et leur activité en général, pour l'habitat individuel, celle-ci est estimée à 80 W par personne, selon la norme SIA. Les gains en chaleur, obtenus à l'aide de l'éclairage artificiel, sont fonction du confort visuel, soit 500 Lux en moyenne, correspondant à une puissance spécifique dissipée de 12

W/m^2. Ces paramètres sont variables, et ils dépendent aussi bien du type de luminaire, éclairage adéquat et faible dissipation, par exemple: les lampes à basse consommation 'LBC' que de l'éclairage naturel complémentaire, obtenu à travers les ouvertures dans les parois. Un compromis entre déperditions et gains en matière d'éclairage est dans ce cas aussi nécessaire.

Mois	Radiation	Durée d'ensoleillement	Apports
Janvier	109	6	0.654
Février	137	5.5	0.753
Mars	199	7	1.393
Avril	229	7.5	1.717
Mai	281	9	2.529
Juin	301	9.5	2.859
Juillet	301	10	3.010
Août	273	9.5	2.593
Septembre	221	8	1.768
Octobre	165	7.5	1.237
Novembre	117	6.5	0.760
Décembre	94	5.5	0.517

- **Tableau 8:** Apports solaires -

Type d'équipement	Puissance (W)				Energie (KWh)
	Mode	Heure	Mode	Heure	
TV+ Démo+	20	10	78	2	0.365
TV + démo	14	2*10	64	2*5	0.92
Congélateur	14	22	186	2	0.680
réfrigérateur	12	22	145	2	0.554
éclairage			75	6	0.900
Lave linge 60°C			206	3	0.780
Divers (charge					1
PC +	32	2	186	10*2ordinateurs	3.786
Total/Jour					9.043
Total/m².an					33.4

- **Tableau 9:** Apports internes par équipements électriques –

Mois	Nombre	Heure	Nombre	Apports	Apports	Apports
Janvier	31	14	4	80	1.38	4.18
Février	28	14	4	80	1.25	3.85
Mars	31	14	4	80	1.38	4.18
Avril	30	14	4	80	1.34	4.14
Mai	31	14	4	80	1.38	4.18
Juin	30	14	4	80	1.34	4.14
Juillet	31	14	4	80	1.38	4.18
Août	31	14	4	80	1.38	4.18
Septembre	30	14	4	80	1.34	4.14
Octobre	31	14	4	80	1.38	4.18
Novembre	30	14	4	80	1.34	4.14
Décembre	31	14	4	80	1.38	4.18

- **Tableau 10:** Apports internes Totaux -

L'énergie annuellement fournie par occupant au bâtiment est donc de 408.8 kWh/an. (Eq. 11)

Les trois figures suivantes représentent l'évolution annuelle du couple apports/besoins d'énergie dans les deux maisons.

L'étude réalisée dans la maison conventionnelle, a prouvé que les apports internes sont dus à la chaleur humaine des occupants (famille composée de 4 personnes), sachant que chaque personne dégage 80 W. Ils sont dus aussi à la chaleur dégagée par l'éclairage artificiel (lampes de 40 à 100 W), au congélateur (80W).

- Les apports solaires directs représentent l'énergie captée dans l'habitat sous forme de chaleur sans disposition spéciale de captage (à travers les fenêtres).

- Les apports solaires indirects proviennent d'une paroi accumulatrice interposée entre le soleil et le local à chauffer. Elle absorbe le rayonnement solaire, transformé aussitôt en chaleur. Elle transmet ensuite cette énergie thermique avec quelque retard dans le local d'habitation.

Pour Tref = 25°C et Tchauf = 15 °C

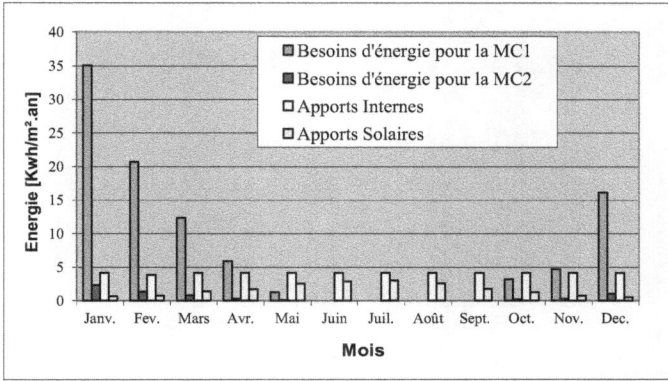

Figure 17: L'évolution dans le temps du couple Apports/Besoins énergétiques des deux maisons pour Tref = 25°C et Tchauf = 15 °C

Pour Tref = Tchauf = Tc

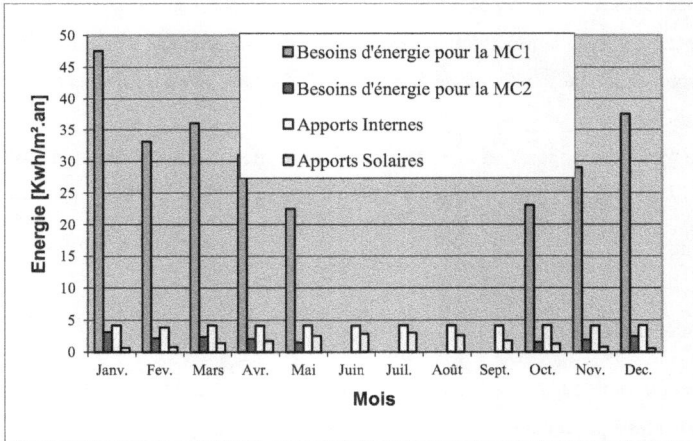

Figure 18: L'évolution dans le temps du couple Apports/Besoins énergétiques des deux maisons pour Tref = Tchauf = Tc

Pour Tref = 22°C et Tchauf = 18 °C

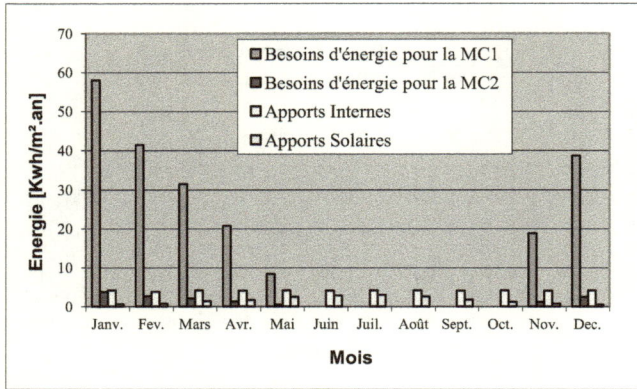

Figure 19: L'évolution dans le temps du couple Apports/Besoins énergétiques des deux maisons pour Tref = 22°C et Tchauf = 18 °C

La différence est si marquante, qu'on pourrait même croire que les apports solaires et internes, peuvent satisfaire largement les besoins de la maison écologique. Par exemple pour le mois de janvier, si la consommation de la maison conventionnelle est de 35 kWh/m², celle de la maison écologique n'atteindra même pas les 3 kWh/m², ce qui représente le 1/12 de la consommation habituelle.

La somme totale des apports internes et solaires peut atteindre, à elle seule, 5 kWh/m². Par conséquent, les besoins seraient largement compensés, avec éventuellement un surplus, qui pourrait être stocké.

V. 4. Bilan économique:

Pour le bilan économique nous avons fait une étude comparative entre la facture énergétique de la maison classique et celle de la maison écologique

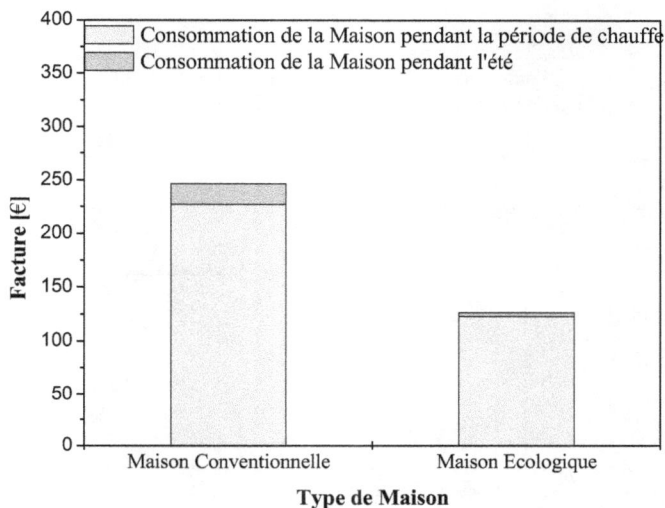

- **Figure 20:** Comparaison de la consommation totale en Chauffage et Electricité durant toute une année pour une Tchauf.=15°C et Tclim=25°C -

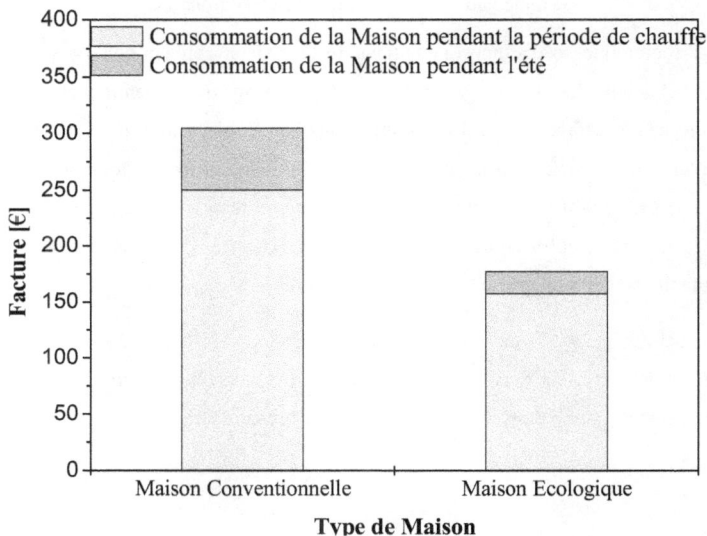

- **Figure 21:** Comparaison de la consommation totale en Chauffage et Electricité durant toute une année pour une Tchauf.=18°C et Tclim=22°C -

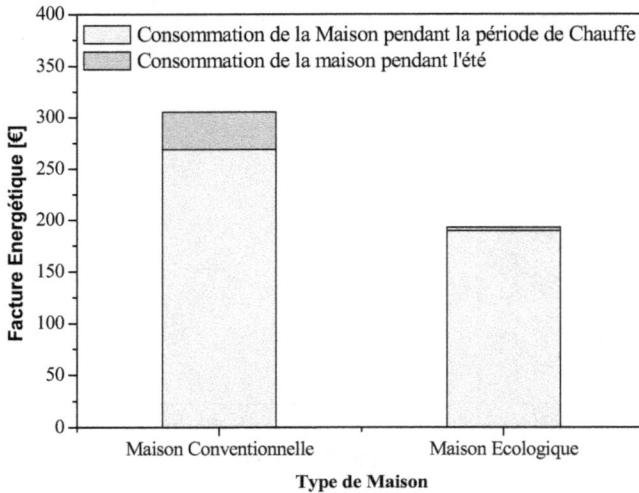

- **Figure 22:** Comparaison de la consommation totale en Chauffage et Electricité durant toute une année pour une Tchauf. = Tc et Tclim = Tc -

La maison écologique se distingue nettement de la maison conventionnelle par son bilan économique annuel, La facture énergétique de la maison conventionnelle, pour une température de chauffage et de Refroidissement Tc (Température de Confort) dépasse largement les 300€ par an. Contrairement à ceci, celle de la maison écologique n'excède pas les 200 € par an, 17.000 (~170€) DA pour une température de chauffage de 18°C, et 22°C pour la climatisation ; enfin pour T de chauffage 18 °C, et 22 °C pour la climatisation, la facture annuelle ne dépasse même les 13.000 DA (~130€).

Dans cette habitation, 93 % de la consommation d'énergie est destinée essentiellement, au chauffage des locaux, à la cuisson et au chauffage de l'eau. Par contre, l'éclairage et les équipements ménagers, ne représentent que 7 % de la consommation totale.

Nom du poste	Conventionnelle	Ecologique
Raccordements et taxes	600 €	600 €
Conception	500 €	1000 €
Bilan thermique	-	540 €
Etude de sol	600 €	600 €
Totaux frais divers	1700 €	2740 €
Infrastructure	4500 €	4750 €
Superstructure	4500 €	4750 €
Couvert	4500 €	2000 €
Clos	1200 €	1700 €
Plâtrerie / doublages / sols	3000 €	1500 €
Plomberie	2000 €	2000 €
Electricité	2250 €	4000 €
Chauffage	4250 €	6000 €
Production eau chaude	1000 €	3500 €
Récupération eau de pluie	-	500 €
Totaux construction	28 900 €	33 440 €
Coût sur 15 ans	Conventionnelle	Ecologique
Construction initiale	28 900 €	33 440 €
Consommations	4578.75 €	2967.6 €
Entretien	12 000 €	9 000 €
Total	45 478.75 €	45 407.6 €

Tableau 11: Comparaison économique entre les deux maisons

Sur le tableau récapitulatif ci dessus (Tableau 2), nous avons répertorié la différence de conception, des matériaux, et du coût entre les deux maisons, nous avons rapporté les coûts associés à la maison sur 15 ans en prenant l'hypothèse que la structure du bâtiment est conçue pour durer au moins pendant tout ce temps, en subissant les réfections nécessaires. Ceci met bien en évidence les coûts cachés importants d'une maison individuelle :

- Dans les constructions conventionnelles, les frais d'entretien sur 15 ans reviennent à payer la moitié d'une seconde construction complète de la maison, alors que dans les versions écologiques, ils ne représentent que le quart du coût de construction.
- Le constat est identique pour la consommation.

60

- Au total les frais supplémentaires à la construction plus efficace sont amortis par les économies générées, et la construction écologique devient moins coûteuse que la version conventionnelle. Le choix de construire écologique est donc **financièrement rentable**.

Il est à noter un point important à ce sujet, c'est que le confort de vie obtenu dans une maison mieux chauffée n'est pas du tout équivalent.

La différence du bilan économique est très importante entre la maison conventionnelle et la maison écologique, et elle tient compte de deux choses : la durabilité de matériaux, et les choix techniques de mise en œuvre.

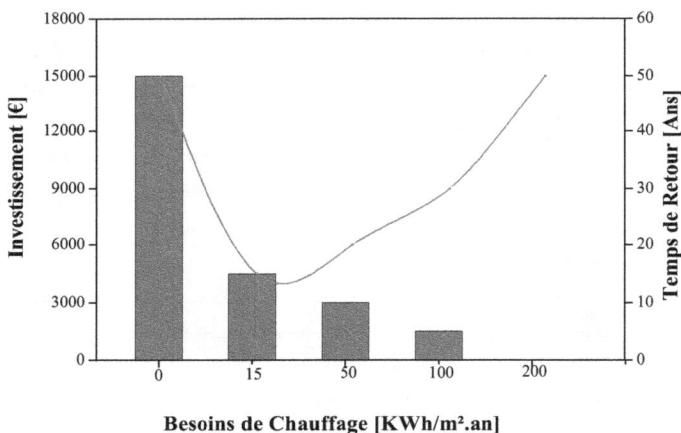

Besoins de Chauffage [KWh/m².an]

- **Figure 23:** Rapport Investissement - Temps de retour/Besoins de chauffage [21] –

La figure 23 représente les investissements apportés afin d'améliorer les besoins énergétiques, mais une construction trop onéreuse n'est pas très intéressante même si les besoins seront presque nuls, puisque le temps de retour n'est pas favorable.

Entre 200 et 15 kWh/m².an, un effort est produit afin de limiter les besoins en énergie. La construction s'avère de plus en plus coûteuse, les frais d'énergie baissent, et donc certains coûts d'exploitation aussi, mais ils ne peuvent compenser d'une part les surcoûts de construction (croissance exponentielle), et d'autre part le temps de retour d'investissement qui sera très long.

La norme de 15 kWh/m².an pour une maison écologique n'est pas choisie par hasard puisque c'est là que la courbe du temps de retour passe par un minimum, les investissements sont en phase avec le temps de retour, grâce aux économies du chauffage.

Inférieur à 15kwh : La performance de l'enveloppe peut encore être poussée à l'extrême. Par contre, ce type de construction exige des matériaux tellement onéreux (croissance exponentielle) que la rentabilité s'en voit franchement diminuée. A l'heure actuelle, ces maisons "zéro énergie" ne sont pas intéressantes

V.5. Bilan environnemental :

Les émissions de CO_2, d'une habitation sont considérées comme un indicateur de la qualité de sa conception, aussi bien architecturale que thermique. Comme pour les valeurs limites de la consommation de l'énergie utile, il existe aussi des valeurs limites pour les émissions de CO_2

Le calcul simplifié des émissions de CO2 [23], appliqué à cette partie, ne prend pas en considération l'énergie totale utilisée, durant le cycle de vie de l'habitation, c'est-à-dire la totalité des énergies utilisées pour la production des matériaux de construction, de leur transport, ainsi que de leur recyclage après démolition de l'habitation.

Les émissions spécifiques de CO_2, sont calculées sur la base des consommations annuelles en électricité et en gaz naturel. Les émissions de CO_2 dues à la combustion du gaz naturel (chauffage et eau chaude) représentent 85 % du total.

Type de Maison	Température	Forme d'énergie	Consommations (Kwh/an)	Facteur d'émission	Emission spécifique CO_2 (Kg CO_2/m²an)
Maison Ecologique	15°C et 25°C	Electricité	145.20	0.65	0.413
		Gaz Naturel	1954.975	0.27	2.306
	18°C et 22 °C	Electricité	949.28	0.65	2.705
		Gaz Naturel	4279.90	0.27	5.05
	Tc	Electricité	408.46	0.65	1.164
		Gaz Naturel	5115.49	0.27	6.03
Maison Conventionnelle	15°C et 25°C	Electricité	2216	0.65	6.315
		Gaz Naturel	29836.56	0.27	35.20
	18°C et 22 °C	Electricité	14471	0.65	41.242
		Gaz Naturel	65319.24	0.27	77.07
	Tc	Electricité	6233.88	0.65	17.766
		Gaz Naturel	78072	0.27	92.12

Tableau 12: Comparaison entre les émissions spécifiques de CO_2 des deux types d'habitat

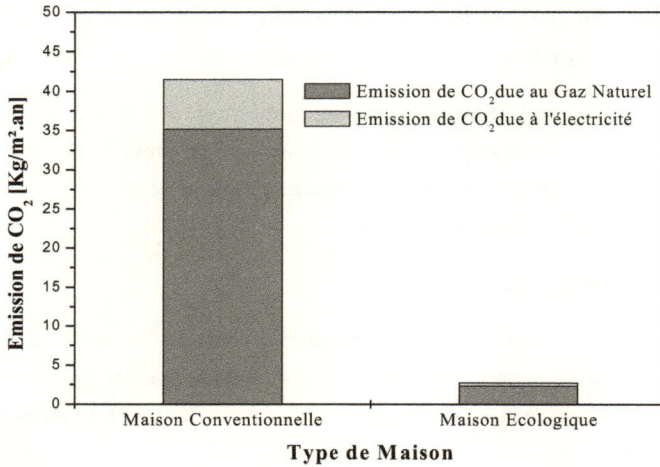

- **Figure 24 :** Bilan environnemental des deux maisons pour Tchauf.=15°C et Tclim=25°C -

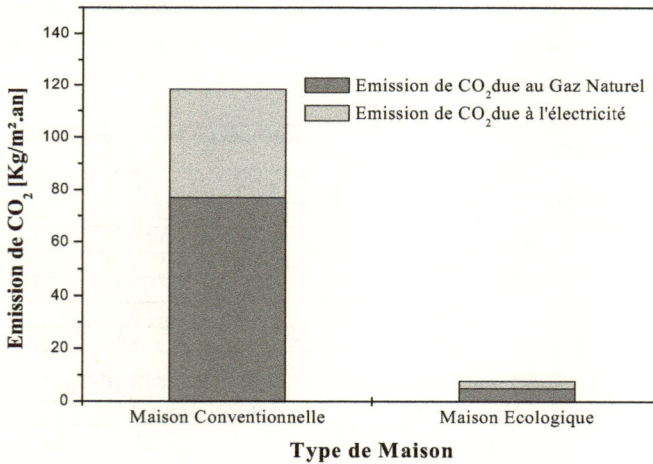

- **Figure 25 :** Bilan environnemental des deux maisons pour Tchauf.=18°C et Tclim=22°C -

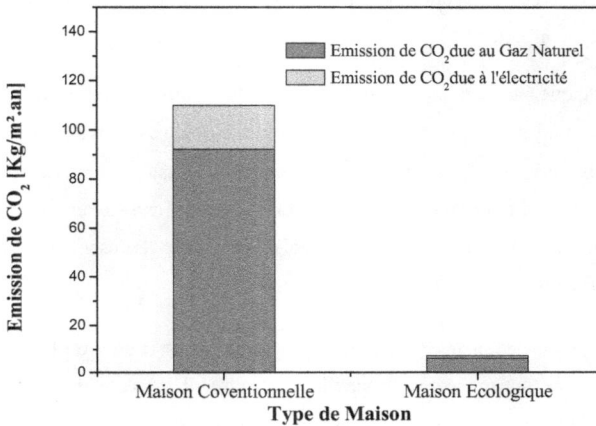

- **Figure 26 :** Bilan environnemental des deux maisons pour la température de confort Tc -

Dans notre étude du bilan environnemental, la différence est nette, entre le rejet de CO_2 de la maison conventionnelle et celui de la maison écologique. Cette différence est due principalement aux matériaux de conception (type de matériaux, énergie primaire, transport de matériaux, cycle de vie, réduction de chauffage et de la climatisation par une isolation supérieure).

.

VI. Conclusion :

Nous avons procédé, dans ce travail, à l'analyse comparative des différents bilans de deux bâtiments identiques construits avec des matériaux différents.

L'approche adoptée consiste à analyser en détail les éléments essentiels de ces bilans. L'amélioration du bilan global et la réduction de la consommation et du cout économique, restent subordonnées à l'optimisation du facteur U du bâtiment, par un choix judicieux de matériaux de construction. De plus, durant son cycle de vie, le bâtiment permet une réduction significative de la plupart des impacts environnementaux, en particulier du potentiel de réchauffement global et de l'épuisement des ressources abiotiques. Ainsi le concept de notre maison écologique semble constituer une solution valide en climat méditerranéen pour améliorer les performances énergétiques et environnementales des logements par rapport au contexte réglementaire algérien.

Une maison écologique ne peut être totalement parfaite si on recherche un maximum de confort. Cependant, nous avons pu trouver des matériaux qui ne se contredisent pas beaucoup et qui aident, à réduire les coûts énergétiques dans le temps. Seulement ces maisons demandent un coût plus important lors de la réalisation. De plus, dans le temps, ces bâtiments auront besoin de moins d'énergie pour chauffer, éclairer…ce qui représente des économies à côté des autres bâtiments.

D'après cette étude, nous déduisons qu'une maison écologique est d'environ 15% plus chère à l'investissement qu'une maison conventionnelle ; en outre, il ne s'agit pas d'un "surcoût", mais bel et bien d'un investissement, car la performance des maisons n'est pas du tout équivalente et ce supplément se rentabilisera au bout d'une dizaine d'années. Néanmoins, le bénéfice primordial, réside dans l'exploitation des énergies renouvelables, le respect de l'environnement, de l'écologie, et du confort, tout en utilisant des matériaux nouvellement exploitables, à l'instar des autres produits traditionnels.

Construire écologiquement est donc une opération rentable qui est plus, une question de choix que de moyens, et qui rentre dans le cadre du développement durable

[1] APRUE (2009) *«Consommation Energétique Finale de l'Algérie»*, données et indicateurs, Ministère Algérien de l'Energie et des Mines.

[2] Hasan M Qabazard (2009) *«Consumption of petroleum products by type in OPEC Members»*, Annual Statistical Bulletin 2009, Organization of the Petroleum Exporting Countries (OPEC).

[3] Journal Officiel de République Algérienne, *«Loi N°99-09 du 28 Juillet 1999 Relative à la Maîtrise de l'Energie»*, J.O.R.A., N°51, 2 Août 1999, Alger, Algérie.

[4] Journal Officiel de République Algérienne, *«Décret exécutif N°2000-90 du 24 Avril 2000 Portant Réglementation Thermique dans les Bâtiments Neufs»*, J.O.R.A., N°25, 30 Avril 2000, Alger, Algérie.

[5] Ministère de l'Habitat et de l'Urbanisme, Commission Technique Permanente, *«Réglementation Thermique des Bâtiments d'Habitation et Règles de Calcul des Déperditions Calorifiques»*, Document Technique Réglementaire, CNERIB, Décembre 1997, Alger, Algérie.

[6] Ministère de l'Habitat et de l'Urbanisme, Commission Technique Permanente, *«Règles de Calcul des Apports Calorifiques»*, Document Technique Réglementaire, CNERIB, Août 1998, Alger, Algérie.

[7] Bernier M. et al (2006) *« Simulation of zero net energy homes »* Journée thématique du 21 mars 2006, IBPSA France – SFT.

[8] M A Boukli Hacene, N E Chabane Sari, B Benyoucef, S Amara, *« L'impact Environnemental d'une Habitation Écologique»*, Revue des Energies Renouvelables. Vol 13, N°10 ; p 545-559 (2010).

[9] – Santamouris. M, Asimakopoulos. D, (2001), *«Passive cooling of buildings »*.

[10] – Remund. J, Kunz. S, (novembre 2004), *«METEONORM version 5.1, Global meteorological database for applied climatology »*.

[11] –Amara. S, (2009), *«Optimisation des apports d'énergies hybrides dans l'habitat économe. Application au site de Tlemcen»*, Thèse de Magister, Université Abou Bakr Belkaid –Tlemcen.

[12] Humphreys. M. A, Nicol. J. F, (2002), «*The validity of ISO-PMV for predicting comfort votes in every day thermal environments*», in Energy and Buildings, 34(6), 667-684.

[13] Nevins. R, Gagge. P, (1972), «*The New ASHRAE comfort chart*», In ASHRAE Journal, 14, 41-43.

[14] Fanger. P. O, (1970), «*Thermal Comfort*», Copenhagen, Dasnish Technical Press.

[15] Humphreys. M. A, (1978), «*Outdoor temperatures and comfort indoors in Buildings*», Research and Practice, 6(2), 92-105.

[16] O. Humm, «*Niedrig Energie Häuser, Theorie und Praxis* », Okobuch Verlag, Staufen bei Freiburg, 1990.

[17] W. Weber, «*Soleil et Architecture - Guide Pratique pour les Projets*», 3000 Bern, Suisse.

[18] C. Hamouda A. Malek, «*Analyse théorique et expérimentale de la consommation d'énergie d'une habitation individuelle dans la ville de Batna*». Revue des Energies Renouvelables Vol. 9 N°3 (2006) 211 – 228.

[19] Amara. S, Zidani. C, Benaissa. D, Benyarou. F, Benyoucef. B, (2006), «*Modélisation des températures diurnes et nocturnes du site de TLEMCEN*», Physical and Chemical News, Volume 27, 59-64.

[20] –Amara. S, (2009), «*Optimisation des apports d'énergies hybrides dans l'habitat économe*». Application au site de Tlemcen, Thèse de Magister, Université Abou Bakr Belkaid –Tlemcen.

[21] M A Boukli Hacene, N E Chabane Sari; «*Economic, energy, and environmental comparison between an ecological and conventional house*», Indoor and Built Environment – Sage Journals.

[22] M.A Boukli Hacene, (2009), «*La conception d'un habitat écologique, durable et économe utilisant les énergies renouvelables*», Thèse de Magister, Université Abou Bakr Belkaid –Tlemcen.

[23] – U.R. Fritsche and K. Schmidt, «*Globales Emissions-Model Integrierter Systems (GEMIS)*», Institut für Angewandte ökologie, eV, Darmstadt, Allemagne, 2004.

CHAPITRE 3 : L'évolution de la température dans une maison écologique

Le traitement d'air dans les bâtiments pose souvent le problème de l'homogénéité de la température en tout point du local.

Le traitement du local en mode chauffage est contraignant. La différence de température entre l'air soufflé et l'air ambiant peut engendrer une stratification. L'air chaud étant plus léger que l'air froid, on a tendance à retrouver des couches d'air chaud en hauteur et des couches d'air froid en partie basse du local.

Les maisons écologiques sont conçues de façon à éviter toute stratification de température.

Dans cette partie il a été mis en exergue une méthode permettant de calculer la variation de la température dans une maison écologique durant une période déterminée dans le but d'étudier s'il existe une stratification. Afin de prévoir le comportement thermique, un modèle mathématique basé sur les lois fondamentales de transfert de chaleur et de masse a été développé. Le modèle permet de déterminer la variation de la température ambiante interne de chaque pièce de la maison. Les conclusions principales dérivées de l'étude paramétrique sont les suivantes:

- L'efficacité du modèle augmente avec la disponibilité du rayonnement solaire, du contexte géographique dans lequel le système est à réaliser.

- La performance de l'isolation est assez suffisante pour rétablir les conditions de confort pour n'importe quel climat.

Le modèle mathématique élaboré, ainsi qu'une proposition de conception sont présentés. En outre les résultats d'une étude paramétrique ont été développés en courbes permettant la prise de décision pour l'évaluation préalable de la performance de l'isolation.

Mots clefs — Ecologie, stratification, comportement thermique, isolation, confort thermique.

I.   INTRODUCTION :

Le nouveau paradigme énergétique consiste à concevoir le "système énergétique" comme englobant non seulement la fourniture d'énergie mais également les conditions et les techniques de sa consommation afin d'obtenir un "service énergétique" dans des conditions optimales en termes de ressources, de coûts économiques et sociaux et de protection de l'environnement local et global. La maîtrise des consommations d'énergie arrive au premier rang des politiques qu'il faut rapidement mettre en œuvre, parce que c'est celle qui possède le plus grand potentiel, qu'elle est applicable dans tous les secteurs et dans tous les pays, qu'elle représente le meilleur instrument de la lutte contre le changement climatique, enfin parce qu'elle permet de ralentir l'épuisement des ressources fossiles, tandis qu'une part croissante de la consommation d'énergie peut être assurée par les énergies renouvelables. Elle constitue en outre un facteur de développement économique par la diminution des dépenses énergétiques, par la création de nouvelles activités et d'emplois, ou encore la réalisation de nouveaux concepts permettant d'utiliser ces ressources renouvelables pour ses propres besoins énergétiques. C'est un impératif de premier ordre des politiques énergétiques et économiques, notamment dans le secteur de l'habitat qui représente à lui seul 40 % de la consommation énergétique, presque exclusivement dépendant des énergies fossiles. Ainsi une des mesures essentielles à prendre, serait la construction écologique ou passive : qui est un concept permettant de composer avec le climat. La maison bâtie n'est plus simplement considérée comme la frontière du domaine habitable. Elle devient un élément souple, chargé de transformer un climat extérieur fluctuant et inconfortable en un climat intérieur agréable.

On attend de cette maison globalement :

* qu'elle réduise les besoins énergétiques, aussi bien ceux liés à la construction tels les matériaux ou les produits mis en œuvre dans la maison, que ceux liés à son exploitation.

* /qu'elle offre un confort naturel en toute saison et qu'elle assure tout à la fois [1] : un niveau de température interne acceptable, de faibles variations quotidiennes de température (contrôle des surchauffes), une bonne distribution de la chaleur dans les pièces habitées, un contrôle de conception des parois en fonction des sollicitations du climat extérieur.

On joue pour cela sur tous les moyens dont on dispose : l'implantation et l'orientation de la maison, son architecture, la distribution intérieure, le choix des matériaux, leur disposition respective, leur couleur, etc...

Par sa conception la maison doit être capable de satisfaire quatre fonctions principales :

1 - capter le rayonnement solaire

2 - stocker l'énergie captée

3 - distribuer cette chaleur

4 – réguler

II. Le principe du confort thermique :

La conception des bâtiments est principalement basée sur des critères d'économie d'énergies [2]; elle associe isolation, apports solaires, inertie avec le confort thermique ; car il se définit comme la satisfaction exprimée par un individu à l'égard de l'ambiance thermique du milieu dans lequel il évolue. Ainsi, pour être en situation de confort thermique une personne ne doit avoir ni trop chaud, ni trop froid et ne ressentir aucun courant d'air gênant. Il y a donc une part personnelle dans l'appréciation du confort thermique, liée en particulier au métabolisme de chacun. Dans une même ambiance quelqu'un pourra se sentir bien (sensation de confort) alors qu'une autre personne pourra éprouver une certaine gêne (sensation d'inconfort). [3]

Le confort thermique dépend, par ordre d'importance décroissant, des quatre facteurs suivants :

- La température rayonnante moyenne : c'est-à-dire une moyenne des températures des surfaces qui nous entourent et avec lesquelles nous échangeons de la chaleur par rayonnement infrarouge (murs, fenêtres, radiateurs…). Une paroi froide comme un simple vitrage absorbe le rayonnement chaud de notre corps et provoque une sensation de froid. Des différences de température trop marquées nous paraissent désagréables.

C'est le cas quand nous nous trouvons par exemple près d'une fenêtre simple vitrage, elle-même au milieu d'une paroi chaude, ou encore entre une paroi froide et une paroi chaude.

- La température de l'air : celle mesurée par les thermomètres classiques. L'air chaud, plus léger, s'élève et a tendance à se « coller » au plafond. Cette stratification thermique due à la convection est désagréablement perçue par les habitants si la différence de température entre la tête et les pieds est supérieure à 3 °C (figure 1). D'autre part, pour une sensation de confort optimale, la température de l'air doit être de 1 à 3 °C au-dessous de la température rayonnante moyenne.

- La vitesse de l'air : elle doit être comprise entre 0,1 et 0,15 m/s. Au-delà, cela favorise l'évaporation de la transpiration et provoque une sensation de courant d'air désagréable en hiver, mais appréciable en été. [4]

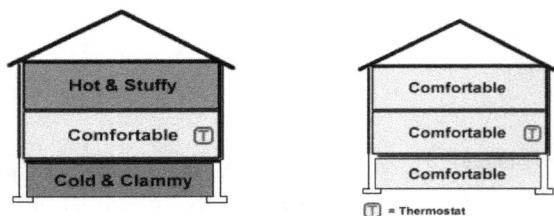

Stratification de l'air   **Pas de stratification**

Figure1 : Stratification de la température dans un habitat [5]

- **L'hygrométrie :** L'idéal est une humidité relative comprise entre 40 et 60 %. Trop importante, l'humidité de l'air atténue l'effet isolant de nos vêtements en hiver et limite l'évaporation de notre transpiration en été. S'il n'y a pas de courant d'air particulier et que l'hygrométrie relative avoisine les 50 %, la perception que l'on a de la température correspond à une moyenne entre la température rayonnante et la température de l'air. Ainsi la température perçue est la même pour des parois et un air à 19 °C que pour un air à 17 °C et des parois à 21 °C, mais la deuxième situation paraîtra plus agréable. Par conséquent, non seulement il est plus agréable de favoriser la chaleur par rayonnement, plus stable et homogène, mais c'est également plus avantageux financièrement : 1 °C de moins pour l'air, c'est une réduction de 7 % de la facture de chauffage. [4]

S'inspirant de ces définitions, et prenant en compte les travaux effectués par Arvind Chel et G.N. Tiwari [6], l'étude présentée en partie ici a pour objectif de prévoir le comportement thermique dans une habitation écologique, ce qui nous permettra d'associer la conception écologique au confort thermique. Pour aboutir à cette conclusion, nous avons développé un modèle mathématique basé sur les lois fondamentales de transfert de chaleur et de masse; l'étude est purement théorique. Le modèle développé nous a permis de simuler avec le logiciel MATLAB, l'évolution de la température en chaque pièce de la maison, durant 24 heures. Pour valider ce modèle, nous l'avons utilisé pour déterminer le comportement thermique de la température dans une maison écologique, dont nous avons les différentes dimensions des éléments étudiées, les coefficients de transmission thermique, ainsi que les températures.

III. Notion de la Température Sol-Air :

La température sol-air est définie par Cooper et al. (1998) [7], comme la température de l'air extérieure qui, en l'absence du rayonnement solaire, donnerait la mêmes distribution de la température et le même taux de transfert d'énergie par un mur ou un toit s'ils existent, avec la température réel de l'air et le rayonnement d'incident ». La température sol-air est calculée à partir de l'équation

$$T_{solj} = T_o + \frac{\alpha}{h_o} G_{tj} - \frac{\varepsilon L_{tj}}{h_o} \quad \ldots\ldots\ldots\ldots\ldots\ldots\ldots\ldots\ldots\ldots\ldots\ldots\ldots\ldots\ldots\ldots\ldots\ldots\ldots(1)$$

G_{tj} = Flux de chaleur solaire radiative totale pour le $j^{ème}$ mur ou plafond (W/m²)

h_o = coefficient de transmission de chaleur de la surface extérieure (W/m² K)

$T_{sol\ j}$ = température sol-air e pour le $j^{ème}$ mur ou plafond (C)

T_o = température extérieure (C)

α = coefficient d'absorption pour le rayonnement solaire

L_{tj} = différence entre la longueur d'onde du rayonnement de l'environnement et la longueur d'onde du rayonnement émis pour le mur du bâtiment

ε = coefficient d'émissivité pour le rayonnement thermique

Selon Ulgen (2002) [8], ASHRAE [9,10] recommande que le facteur de correction, le $\varepsilon \Delta R / h_o$, soit donné d'une valeur de 4°C pour les surfaces horizontales faisant face vers le haut. Ainsi la température sol-air est de 4°C, le refroidissement est dû à la réduction du rayonnement infrarouge venant du ciel. Le facteur de correction est spécifié pour être 0 pour les surfaces verticales, car les surfaces ensoleillées plus chaudes compensent la température plus fraîche du ciel. Une évaluation du facteur de correction pour d'autres angles d'inclinaison basés sur la géométrie des facteurs de forme du rayonnement est :

$$\frac{\varepsilon L_{tj}}{h_o} = 4 \cos\beta \ldots\ldots\ldots\ldots\ldots\ldots\ldots\ldots\ldots\ldots\ldots\ldots\ldots\ldots\ldots\ldots\ldots\ldots(2)$$

β est l'angle d'inclinaison extérieur mesuré entre la normale extérieure et la verticale.

Il y a des corrélations pour le coefficient de transmission de chaleur extérieur contre la vitesse du vent (par exemple Zhang, 2004). [11] Zhang donne une corrélation empirique basée sur des expériences utilisant des vitesses du vent de 1 à 7,4 m/s :

$$h_o = -0.0203V^2 + 1.766V + 12.263 \dots\dots\dots\dots\dots\dots\dots(3)$$

V = vitesse du vent (m/s)

Le flux radiatif solaire total pour chaque surface est calculé en utilisant le modèle de la Liu-Jordan donné en Duffie et Beckman (1991). [10]

$$G_T = G_b \frac{\cos\theta}{\cos\theta_z} + G_d \left(\frac{1+\cos\beta}{2}\right) + G\rho_g \left(\frac{1-\cos\beta}{2}\right) \dots\dots\dots\dots(4)$$

G_T = rayonnement total sur la surface inclinée

G_b = rayonnement de faisceau sur la surface horizontale

G_d = rayonnement diffus sur la surface horizontale

$G = G_b + G_d$ = rayonnement total sur la surface horizontale

β = angle d'inclinaison de la surface

ρ_g = réflectivité diffuse de la terre

θ = = Angle d'incidence, l'angle entre le rayonnement du faisceau sur la surface et la normale à la surface

θ_z = Angle du zénith, l'angle entre la verticale et la ligne avec le soleil. [12]

IV. Descriptif De La Maison Etudiée :

Nous avons pris comme type de description, une maison situé a Tlemcen (Ouest D'Algérie), d'une superficie d'assiette de 150 m² conçue en R+1 étage, Le rez-de-chaussée comporte un hall, un garage, un séjour, deux salles de bain, deux chambres, une cuisine, une buanderie et un dressing, à l'étage, il y'a un bureau, un grenier ainsi qu'une mezzanine, les pièces ainsi que leurs superficies sont représentées sur les figures 2 et 3. Les composants de la maison écologique, les coefficients de transmission thermique ainsi que les superficies détaillées de chaque pièce, sont répertoriées sur les tableaux 1 et 2. L'architecture et la disposition de la maison lui permettent de mieux capter le rayonnement solaire puisque les pièces à vivre sont orientées au sud est et au sud ouest, ce principe de l'architecture bioclimatique est exigé pour la conception écologique. Nous avons choisi le bois comme matériau de conception, pour ses différentes caractéristiques avantageuses : puisque le bois a une faible inertie thermique, son coût de construction est plus économique, il dégage uniquement du CO_2 atmosphérique, enfin, son coefficient de transmission thermique est assez bas, par rapport à d'autres matériaux écologiques (comme la brique monomur), ce qui lui permet d'être considéré comme étant un super isolant. Ainsi les murs extérieurs, seront à ossature bois de 30 cm, et comportent une couche de 22 cm d'ouate de cellulose (U = 0.163 W/m².K). La dalle isolée par 20 cm de ouate de cellulose (U = 0.118 W/m².K). Nous utiliserons aussi un double vitrage très performant (20 mm U = 1.1 W/m².K). Les portes extérieures isolées vont êtres installées de manière à assurer une bonne étanchéité à l'air (U = 0.94 W/m².K).

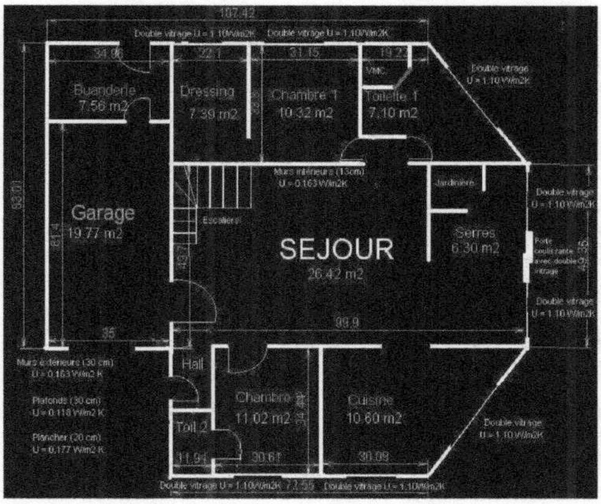

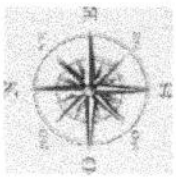

Figure 2: Plan du Rez-de-chaussée [13]

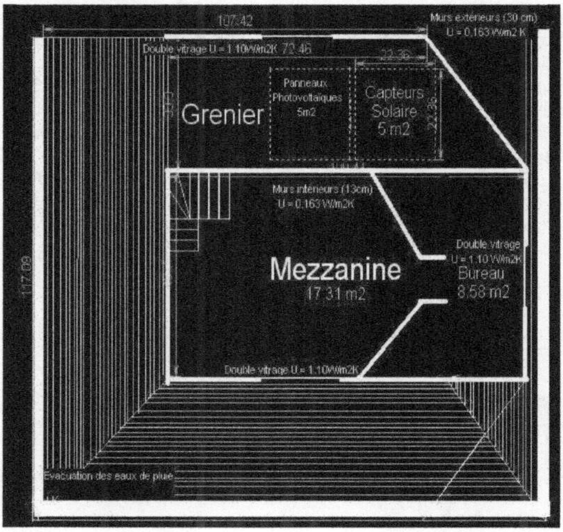

Figure 3 : Plan de l'étage [13]

Figure 4: Image d'illustration de la maison écologique (Sud – Sud Est) [13]

Paramètres	Valeurs	
Coefficient de transfert de chaleur convective (externes)	23	W/m².K
Coefficient de transfert de chaleur convective (interne)	6	W/m².K
Coefficient de transmission thermique du mur	0.163	W/m².K
Conductivité thermique du bois	0.163	W/m.K
Conductivité thermique du vitrage	1.1	W/m.K
Conductivité thermique du contre plaqué	0.174	W/m.K
Conductivité thermique de l'acier (utilisé pour la porte)	50	W/m.K
Epaisseur de l'acier de la porte	1.5	mm
Epaisseur de la porte	3	cm
Transmissivité du vitrage	0.9	
Epaisseur du vitrage des fenêtres	3	mm
Absorptivité des surfaces	0.6	
Emissivité des surfaces	0.9	
Renouvellement d'air par heure	0.869	h^{-1}
Chaleur spécifique de l'air de la pièce	1005	J/Kg K
Aire de chaque porte en bois et portes internes	1.8	m²
Aire de chaque vitrage des fenêtres	2.25	m²
Superficie totale des pièces du rez-de-chaussée	94	m²
Coefficient de transmission thermique pour le plafond	0.177	W/m².K
Coefficient de transmission thermique pour la toiture	0.118	W/m².K
Epaisseur de l'isolant des murs intérieurs	130	mm
Epaisseur de l'isolant des murs extérieurs	300	mm
Epaisseur des Fenêtres	20	mm
Epaisseur de l'isolant du plafond	300	mm
Epaisseur de l'isolant de la toiture	200	mm
Epaisseur de l'isolant du sol	140	mm
Coefficient de transmission thermique de la porte	0.94	W/m².K
Aire de la porte	1.8	m²
Aire de la fenêtre	2.25	m²

- Tableau 1 : Composants de la maison écologique ainsi que les coefficients de transmissions thermiques [13] -

Paramètres	Valeurs		Paramètres	Valeurs	
Aire du séjour	36	m²	Aire du Mur Hall -Extérieur	3.168	m²
Volume du séjour	97.2	m³	Aire du Garage	21.46	m²
Portes du séjour	14.4	m²	Volume du Garage	57.94	m³
Aire du Mur Séjour-Chambre1	8.41	m²	Portes du Garage	5.4	m²
Aire du Mur Séjour-Dressing	5.96	m²	Fenêtres du Garage	-	
Aire du Mur Séjour-Serre	9.82	m²	Aire du Mur Garage- Séjour	11.62	m²
Aire du Mur Séjour-Garage	11.62	m²	Aire du Mur Garage- Buanderie	7.64	m²
Aire du Mur Séjour-Hall	1.42	m²	Aire du Mur Garage- Dressing	3.24	m²
Aire du Mur Séjour-Chambre2	6.46	m²	Aire du Mur Garage- Extérieur	20.61	m²
Aire du Mur Séjour-Cuisine	6.32	m²	Aire du Dressing	7.36	m²
Aire du Mur Séjour-SDB1	5.19	m²	Volume du Dressing	19.87	m³
Aire de la Chambre1	10.35	m²	Portes du Dressing	1.8	m²
Volume de la Chambre1	27.95	m³	Fenêtres du Dressing	2.25	m²
Portes de la Chambre1	3.6	m²	Aire du Mur Dressing -Chambre1	7.2	m²
Fenêtres de la Chambre1	2.25	m²	Aire du Mur Dressing -Séjour	5.96	m²
Aire du Mur Chambre1-Séjour	8.41	m²	Aire du Mur Dressing -Buanderie	5.94	m²
Aire du Mur Chambre1-SDB1	7.2	m²	Aire du Mur Dressing -Garage	3.24	m²
Aire du Mur Chambre1-Dressing	7.2	m²	Aire du Mur Dressing- Extérieur	3.71	m²
Aire du Mur Chambre1-Extérieur	6.16	m²	Aire de la Buanderie	7.69	m²
Aire de la Chambre2	10.52	m²	Volume de la Buanderie	20.76	m³
Volume de la Chambre2	28.40	m³	Portes de la Buanderie	3.6	m²
Portes de la Chambre2	3.6	m²	Fenêtres de la Buanderie	-	
Fenêtres de la Chambre2	2.25	m²	Aire du Mur Buanderie - Dressing	5.94	m²
Aire du Mur Chambre2-Séjour	6.46	m²	Aire du Mur Buanderie - Garage	7.64	m²
Aire du Mur Chambre2-SDB2	2.52	m²	Aire du Mur Buanderie – Extérieur	13.58	m²
Aire du Mur Chambre2-Hall	4.97	m²	Aire de la SDB2	2.14	m²
Aire du Mur Chambre2-Cuisine	9.28	m²	Volume de la SDB2	5.78	m³
Aire du Mur Chambre2-Extérieur	6.01	m²	Portes de la SDB2	1.8	m²
Aire de la Serre	14	m²	Fenêtres de la SDB2	0.25	m²
Volume de la Serre	37.8	m³	Aire du Mur SDB2 - Chambre2	2.52	m²
Portes de la Serre	7.2	m²	Aire du Mur SDB2 - Hall	3.22	m²
Fenêtres de la Serre	4.5	m²	Aire du Mur SDB2 - Extérieur	7.29	m²
Aire du Mur Serre -Séjour	9.82	m²	Aire du Bureau	14	m²
Aire du Mur Serre -Cuisine	7.56	m²	Volume du Bureau	37.8	m³
Aire du Mur Serre -SDB1	7.56	m²	Portes du Bureau	3.6	m²
Aire du Mur Serre –Extérieur	5.32	m²	Fenêtres du Bureau	2.25	m²
Aire de la Cuisine	15.18	m²	Aire du Mur Bureau - Mezzanine	11.62	m²
Volume de la Cuisine	41	m³	Aire du Mur Bureau - Grenier	5.76	m²
Portes de la Cuisine	1.8	m²	Aire du Mur Bureau - Extérieur	18.73	m²
Fenêtres de la Cuisine	6.75	m²	Aire de la Dalle Bureau - Serre	14	m²
Aire du Mur Cuisine -Séjour	6.32	m²	Aire de la Mezzanine	36	m²
Aire du Mur Cuisine -Serre	7.56	m²	Volume de la Mezzanine	97.2	m³
Aire du Mur Cuisine –Chambre2	9.28	m²	Portes de la Mezzanine	1.8	m²
Aire du Mur Cuisine -Extérieur	13.52	m²	Fenêtres de la Mezzanine	4.5	m²
Aire de la SDB1	10.66	m²	Aire du Mur Mezzanine - Grenier	19.17	m²
Volume de la SDB1	28.78	m³	Aire du Mur Mezzanine - Bureau	11.62	m²
Portes de la SDB1	1.8	m²	Aire du Mur Mezzanine – Extérieur	28.09	m²
Fenêtres de la SDB1	4.5	m²	Aire de la Dalle Mezzanine - Séjour	36	m²
Aire du Mur SDB1-Chambre1	7.2	m²	Aire du Grenier	25.69	m²
Aire du Mur SDB1- Séjour	5.19	m²	Volume du Grenier	69.36	m³
Aire du Mur SDB1- Serre	7.56	m²	Portes du Grenier	1.8	m²
Aire du Mur SDB1 –Extérieur	12.84	m²	Fenêtres du Grenier	4.5	m²
Aire du Hall	2.02	m²	Aire du Mur Grenier - Bureau	5.76	m²
Volume du Hall	5.45	m³	Aire du Mur Grenier - Mezzanine	19.17	m²
Portes du Hall	3.6	m²	Aire du Mur Grenier - Extérieur	27.22	m²
Fenêtres du Hall	-		Aire de la Dalle Grenier -Dressing	7.36	m²
Aire du Mur Hall -Chambre2	4.97	m²	Aire de la Dalle Grenier -Chambre1	10.35	m²
Aire du Mur Hall –Séjour	1.42	m²	Aire de la Dalle Grenier -SDB1	10.66	m²
Aire du Mur Hall -SDB2	3.22	m²			

- Tableau 2 : Détails du Design de la maison écologique –

IV.1 Modélisation thermique de la maison écologique :

Il y'a des hypothèses nécessaires avant le développement du modèle thermique des différentes pièces de la maison écologique :

Hypothèse 1 : Le transfert de chaleur à travers les murs et le plafond se produit en une seule direction le long de l'épaisseur.

Hypothèse 2 : Les gains et pertes de chaleur à travers les murs et la toiture sont supposés constants pour n'importe quelle heure.

Hypothèse 3 : La structure des murs et du plafond est conçue par des couches de matériaux homogènes.

Hypothèse 4 : La température ambiante, et celle de l'air des pièces sont supposées constante chaque heure.

Hypothèse 5 : L'intensité du soleil est supposée constante pour une durée d'une heure.

Hypothèse 6 : Les valeurs des paramètres comme le renouvellement de l'air par heure, et les coefficients de transfert de chaleur par convection (entrant hi et sortant ho) sont supposés constants.

Hypothèse 7 : Toutes les propriétés thermiques des matériaux de construction tels que, la conductivité thermique, et la chaleur spécifique sont supposées constantes et indépendantes des variations de la température.

Hypothèse 8 : Le taux de chaleur perdue à travers le sol Q_{Sol}, est supposé égal à 0.

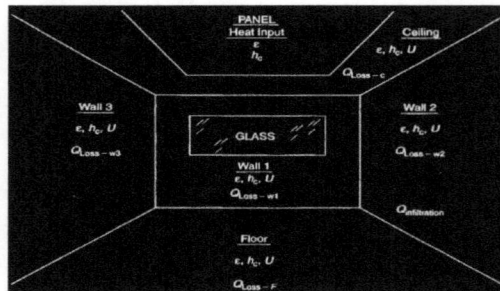

- **Figure 4:** schéma de configuration d'une pièce utilisée pour le calcul des pertes de chaleur par rayonnement [14] -

IV. 2. Les équations équivalentes de l'énergie pour les pièces de la maison écologique sans un air conditionné :

Il existe 11 pièces au rez-de-chaussée de la maison écologique et 3 à l'étage. En se basant sur la figure 5, les équations d'énergies équivalentes pour chaque pièce en générale peuvent être données par les équations de base de Chel et Tiwari. [15]

$$\sum M_a C_a \frac{dT_r}{dt} = \sum Q_{Gains} - Q_{Pertes} \tag{5}$$

$$Q_{Gains} = Q_{Mur} + Q_{Plafond} + Q_{Fenêtre} + Q_{Porte} + Q_{Intern.} \tag{6}$$

$$Q_{Pertes} = Q_{Isothermique} + Q_{Ventilatio} + Q_{Sol} \tag{7}$$

Les expressions dérivées du taux de gains et de déperditions de chaleur, pour les différents éléments, et pour l'analyse des états de transfert de chaleur quasi stable sont données par :

IV.2. a. Le taux de transfert de gain de chaleur à travers les murs est :

$$Q_{Mur} = (UA)_{Mur}(T_{Sol,Mur} - T_{Pièce}) \tag{8}$$

Avec

$$(UA)_{Mur} = \left[\frac{1}{h_0} + \frac{L_1}{K_1} + \frac{L_2}{K_2} + ... + \frac{1}{h_i} \right]^{-1} \times A_{Mur}$$

IV.2. b. L'expression de la température sol-air dans n'importe quelle surface inclinée mur/plafond peut être écrite par :

$$T_{Sol} = \left[\frac{\alpha I_T}{h_0} + T_a - \frac{\varepsilon \Delta R}{h_0} \right] \tag{9}$$

$$\Delta R = \left[\frac{\cos \beta}{\sin \beta} \times 60 \right] \tag{10}$$

IV.2. c. Le taux de gain de chaleur à travers le plafond est :

$$Q_{Plafond} = (UA)_{Plafond} (T_{Sol,Plafond} - T_{Pièce}) \qquad (11)$$

IV.2. d. Le taux de gain de chaleur à travers les fenêtres est :

$$Q_{Fenêtre} = A_{Fenêtre} \times \tau \times I_T + (UA)_{Fenêtre} (T_{Sol,Fenêtre} - T_{Pièce}) \qquad (12)$$

IV.2. e. Le taux de gain de chaleur dans la chambre 1 à travers la porte interne du séjour:

$$Q_{Porte} = (UA)_{Porte} (T_{Séjour} - T_{Chambre1}) \qquad (13)$$

IV.2. f. Le taux de gain de chaleur depuis la chaleur interne des générateurs :

$$Q_{Interne} = Q_{Personne} + Q_{Ordinateur} + Q_{Lampe} + Q_{Congélateur} \qquad (14)$$

IV.2. g. Les valeurs types de gain de chaleur interne est de :

1 Personne = 80 W

1 Ordinateur = 70 W

1 Lampe = entre 40 et 100 W

1 Congélateur = 80 W

IV. 3. Scénarios d'occupation :

Chaque occupant représente une source de chaleur, d'une puissance moyenne supposée de 80 W. Trois scénarios d'occupation distincts ont été considérés :

- Un scénario « *diurne total* » : présence à 80 % de 6 h à 8 h, à 50 % de 17 h à 18 h, à 80 % de 18 h à 22 h, nulle le reste du temps. Ce scénario s'applique aux zones « séjour + cuisine» (rez-de-chaussée).

- Un scénario « *diurne occasionnel* » : présence à 10 % de 19 h à 22 h, nulle le reste du temps. Ce scénario s'applique aux zones «*bureau* » (étage).

- Un scénario « *nocturne* » : présence à 5 % de 19 h à 22 h, à 50 % de 22 h à 6 h, de 10 % de 6 h à 8 h, nulle le reste du temps. Ce scénario s'applique aux chambres. [16]

L'énergie annuellement fournie par 1 seul occupant au bâtiment est de 408.8 kWh/an.

IV. 4. Le taux des déperditions de chaleur :

Le taux de chaleur perdue à travers le sol Q_{Sol}, est supposé être égale à 0, cependant, la température de la surface du sol, est supposée être égale à la température de l'air et de la pièce, à chaque instant et dans les conditions d'état stables. La chaleur échangée entre la masse isothermique et l'air de la pièce est négligée, la masse isothermique comprend : la masse des fournitures, placards, ordinateur…etc

Le taux de perte de chaleur due à la ventilation ou l'infiltration de l'air de la pièce à l'air ambiant peut être exprimé par :

$$Q_{Ventilation} = \frac{\rho_a V_a C_a N (T_r - T_a)}{3600(sh^{-1})} = 0.33 N V_a (T_r - T_a) \tag{15}$$

En se basant sur les équations 1 à 11, les équations équilibrées de chaleur pour les 11 pièces du rez-de-chaussée de la maison s'écrivent de la forme suivante :

$$\left(\sum M_a C_a\right)_a \frac{dT_{Pièce,a}}{dt} = \left\{ \begin{array}{l} \sum_{Pièce,i=2}^{11} \left[(UA)_{mur,i}\left(T_{pièce,i} - T_{pièce,a}\right)\right] \\ + \sum_{Pièce,j=2}^{11} \left[(UA)_{porte,j}\left(T_{Pièce,j} - T_{pièce,a}\right)\right] \\ + \left[(UA)_{Fenêtre}\left(T_{Sol,Fenêtre} - T_{pièce,a}\right)\right] \\ + \left[(UA)_{Plafond}\left(T_{pièce,k} - T_{pièce,a}\right)\right] \\ + \left[(UA)_{Mur,ext}\left(T_{Sol,Mur} - T_{pièce,a}\right)\right] \\ - \rho_a V_a C_a N (T_{pièce,a} - T_a) \end{array} \right\} \tag{16}$$

Exemple : l'équation équilibrée de chaleur du séjour (pièce 1) :

$$(\sum M_a C_a)_1 \frac{dT_{S\acute{e}jour}}{dt} = \left\{ \begin{array}{l} \sum\limits_{Pi\grave{e}ce, i=2}^{9} \left[(UA)_{mur,i} \left(T_{pi\grave{e}ce,i} - T_{s\acute{e}jour} \right) \right] \\ + \sum\limits_{Pi\grave{e}ce, j=2}^{8} \left[(UA)_{porte,j} \left(T_{Pi\grave{e}ce,j} - T_{S\acute{e}jour} \right) \right] \\ + \left[(UA)_{Plafond} \left(T_{M\acute{e}zzanine} - T_{S\acute{e}jour} \right) \right] \\ - \rho_a V_a C_a N (T_{S\acute{e}jour} - T_a) \end{array} \right\} \qquad (17)$$

Or,

$$\frac{dT_{S\acute{e}jour}}{dt} = f(T_{S\acute{e}joue}, T_{Chambre1}, T_{Chambre2}, T_{Serre}, T_{Cuisine}, T_{SDB1}, T_{Hall}, T_{Garage}, T_{Dressing}, T_{Buanderie}, T_{SDB2}, T_{Bureau}, T_{Mezzanine}, T_{Grenier} B_1(t)$$

Donc :

$$\frac{dT_{S\acute{e}jour}}{dt} = a_{11}T_{S\acute{e}jour}(t) + a_{12}T_{Chambre1}(t) + a_{13}T_{Chambre2}(t) + a_{14}T_{Serre}(t) + a_{15}T_{Cuisine}(t) + a_{16}T_{SDB1}(t) + a_{17}T_{Hall}(t)$$
$$+ a_{18}T_{Garage}(t) + a_{19}T_{Dressing}(t) + a_{110}T_{Buanderie}(t) + a_{111}T_{SDB2}(t) + a_{112}T_{Bureau}(t) + a_{113}T_{Mezzanine}(t) + a_{114}T_{Grenier}(t) + B_1(t) \qquad (18)$$

Les constantes a_{11}, a_{12}, a_{13}, a_{14}, a_{15}, a_{16}, a_{17}, a_{18}, a_{19}, a_{110}, a_{111}, a_{112}, a_{113}, a_{114}, sont les coefficients de la température de l'air des pièces 1, 2, 3, 4, 5, 6, 7, 8, 9, 10, 11, 12, 13 et 14 (Séjour, Chambre1, Chambre2, Serre, Cuisine, SDB1, Hall, Garage, Dressing, Buanderie, SDB2, Bureau, Mezzanine et Grenier). Le terme $B_1(t)$ représente les fonctions du temps « t » à l'équation précédente pour la pièce 1 (Séjour) et comprend les températures dépendantes du temps comme la température de la surface sol-air (T_{sol}), la température ambiante de l'air (T_a).

La solution des quatorze équations linéaires d'ordre un précédentes, peut être obtenue par l'utilisation de la célèbre technique numérique d'ordre 4 Runge Kutta expliqué par Chapra et Canale [17]. Les valeurs des températures initiales de l'air des quatorze pièces pour chaque mois de l'année seront données « La température de l'air de la pièce à l'intérieur de la maison écologique est tempérée, de 12 à 14°C en Hiver (Ta = 0–14°C) et de 20–24 °C en été (Ta = 20–50 °C) ». En se basant sur ces valeurs initiales, les températures de l'air au temps (t+1) des quatorze pièces interconnectées peuvent être évaluées en utilisant la méthode d'ordre 4 de Runge Kutta :

$$T_{Pi\grave{e}ce,a}(t+1) = T_{Pi\grave{e}ce,a}(t) + \left(\frac{K_1 + 2K_2 + 2K_3 + K_4}{6} \right) \times h \qquad (19)$$

La solution des coefficients Runge-Kutta d'ordre quatre utilisés dans la $1^{\text{ère}}$ l'équation est :

$$K_1 = h \times \begin{bmatrix} a_{11}T_{S\acute{e}jour}(t) + a_{12}T_{Chambre1}(t) + a_{13}T_{Chambre2}(t) + a_{14}T_{Serre}(t) + a_{15}T_{Cui\,sin\,e}(t) + a_{16}T_{SDB1}(t) + a_{17}T_{Hall}(t) \\ + a_{18}T_{Garage}(t) + a_{19}T_{Dres\,sin\,g}(t) + a_{110}T_{Buanderie}(t) + a_{111}T_{SDB2}(t) + a_{112}T_{Bureau}(t) + a_{113}T_{Mezzanine}(t) \\ + a_{114}T_{Grenier}(t) + B_1(t) \end{bmatrix} \quad (20)$$

$$K_2 = h \times \begin{bmatrix} a_{11}\left(T_{S\acute{e}jour}(t) + \frac{K_1}{2}\right) + a_{12}\left(T_{Chambre\,1}(t) + \frac{L_1}{2}\right) + a_{13}\left(T_{Chambre\,2}(t) + \frac{M_1}{2}\right) + a_{14}\left(T_{Serre}(t) + \frac{N_1}{2}\right) \\ + a_{15}\left(T_{Cui\,sin\,e}(t) + \frac{O_1}{2}\right) + a_{16}\left(T_{SDB\,1}(t) + \frac{P_1}{2}\right) + a_{17}\left(T_{Hall}(t) + \frac{Q_1}{2}\right) + a_{18}\left(T_{Garage}(t) + \frac{R_1}{2}\right) \\ + a_{19}\left(T_{Dres\,sin\,g}(t) + \frac{S_1}{2}\right) + a_{110}\left(T_{Buanderie}(t) + \frac{T_1}{2}\right) + a_{111}\left(T_{SDB\,2}(t) + \frac{U_1}{2}\right) + a_{112}\left(T_{Bureau}(t) + \frac{V_1}{2}\right) \\ + a_{113}\left(T_{Mezzanine}(t) + \frac{W_1}{2}\right) + a_{114}\left(T_{Grenier}(t) + \frac{X_1}{2}\right) + B_1(t) \end{bmatrix} \quad (21)$$

$$K_3 = h \times \begin{bmatrix} a_{11}\left(T_{S\acute{e}jour}(t) + \frac{K_2}{2}\right) + a_{12}\left(T_{Chambre\,1}(t) + \frac{L_2}{2}\right) + a_{13}\left(T_{Chambre\,2}(t) + \frac{M_2}{2}\right) + a_{14}\left(T_{Serre}(t) + \frac{N_2}{2}\right) \\ + a_{15}\left(T_{Cui\,sin\,e}(t) + \frac{O_2}{2}\right) + a_{16}\left(T_{SDB\,1}(t) + \frac{P_2}{2}\right) + a_{17}\left(T_{Hall}(t) + \frac{Q_2}{2}\right) + a_{18}\left(T_{Garage}(t) + \frac{R_2}{2}\right) \\ + a_{19}\left(T_{Dres\,sin\,g}(t) + \frac{S_2}{2}\right) + a_{110}\left(T_{Buanderie}(t) + \frac{T_2}{2}\right) + a_{111}\left(T_{SDB\,2}(t) + \frac{U_2}{2}\right) + a_{112}\left(T_{Bureau}(t) + \frac{V_2}{2}\right) \\ + a_{113}\left(T_{Mezzanine}(t) + \frac{W_2}{2}\right) + a_{114}\left(T_{Grenier}(t) + \frac{X_2}{2}\right) + B_1(t) \end{bmatrix} \quad (22)$$

$$K_4 = h \times \begin{bmatrix} a_{11}\left(T_{S\acute{e}jour}(t) + K_3\right) + a_{12}\left(T_{Chambre\,1}(t) + L_3\right) + a_{13}\left(T_{Chambre\,2}(t) + M_3\right) + a_{14}\left(T_{Serre}(t) + N_3\right) \\ + a_{15}\left(T_{Cui\,sin\,e}(t) + O_3\right) + a_{16}\left(T_{SDB1}(t) + P_3\right) + a_{17}\left(T_{Hall}(t) + Q_3\right) + a_{18}\left(T_{Garage}(t) + R_3\right) \\ + a_{19}\left(T_{Dres\,sin\,g}(t) + S_3\right) + a_{110}\left(T_{Buanderie}(t) + T_3\right) + a_{111}\left(T_{SDB\,2}(t) + U_3\right) + a_{112}\left(T_{Bureau}(t) + V_3\right) \\ + a_{113}\left(T_{Mezzanine}(t) + W_3\right) + a_{114}\left(T_{Grenier}(t) + X_3\right) + B_1(t) \end{bmatrix} \quad (23)$$

De façon similaire, les expressions restantes des coefficients Runge-Kutta d'ordre quatre (L_1, M_1, N_1, O_1, P_1, Q_1, R_1, S_1, T_1, U_1, V_1, W_1 et X_1) peuvent être exprimés sous la forme des (K_1, K_2, K_3, K_4) précédentes.

IV.5. Solutions des équations :

Afin d'aboutir à une solution exacte, nous devrions commencer par le calcul des constantes a_{11}, a_{12}, a_{13}, a_{14}, a_{15}, a_{16}, a_{17}, a_{18}, a_{19}, a_{110}, a_{111}, a_{112}, a_{113}, a_{114}, qui représentent les coefficients de la température de l'air des pièces 1, 2, 3, 4, 5, 6, 7, 8, 9, 10, 11, 12, 13 et 14 (Séjour, Chambre1, Chambre2, Serre, Cuisine, SDB1, Hall, Garage, Dressing, Buanderie, SDB2,

Bureau, Mezzanine et Grenier), ainsi que le terme $B_1(t)$ qui représente les fonctions du temps
« t ». La solution de la première équation (l'équation équilibrée de la chaleur du séjour) est :

$$a_{11} = -\left\{ \begin{pmatrix} (UA)_{Ch1} + (UA)_{Gar} + (UA)_{Serre} + (UA)_{Dres} + (UA)_{Ch2} + (UA)_{Cuis} + (UA)_{Hall} \\ + (UA)_{Toi1} + (UA)_{P/Gar} + (UA)_{P/Serre} + (UA)_{P/SDB1} + (UA)_{P/Ch1} + (UA)_{P/Cuis} \\ + (UA)_{P/Ch2} + (UA)_{P/Hall} + (UA)_{Plafond} + \rho_a C_a V_a N \end{pmatrix} \div M_a C_a \right\} \quad (24)$$

$$a_{12} = \frac{(UA)_{Ch1}}{M_a C_a} \quad a_{13} = \frac{(UA)_{Ch2}}{M_a C_a} \quad a_{14} = \frac{(UA)_{Serre}}{M_a C_a} \quad a_{15} = \frac{(UA)_{Cuis}}{M_a C_a} \quad a_{16} = \frac{(UA)_{SDB1}}{M_a C_a}$$

$$a_{17} = \frac{(UA)_{Hall}}{M_a C_a} \quad a_{18} = \frac{(UA)_{Gar}}{M_a C_a} \quad a_{19} = \frac{(UA)_{Dres}}{M_a C_a} \quad a_{110} = \frac{(UA)_{Buan}}{M_a C_a} \quad a_{111} = \frac{(UA)_{SDB2}}{M_a C_a}$$

$$a_{112} = \frac{(UA)_{Bur}}{M_a C_a} \quad a_{113} = \frac{(UA)_{Mezz}}{M_a C_a} \quad a_{114} = \frac{(UA)_{Grenier}}{M_a C_a} \quad B_1(t) = \frac{\rho_a C_a V_a N T_a}{M_a C_a}$$

IV. 6. Résultats et discussions :

Les données climatiques d'entrée se composent du rayonnement solaire global et diffus
mesuré sur la base horaire et sur la surface horizontale. Toutes ces données climatiques
(température ambiante (Ta), irradiation globale (Ig), irradiation diffuse(Id) de Tlemcen ont été
obtenues à partir du logiciel Météonorm [12] et représentées sur les figures 5 et 6. Les détails
de construction sont fournis à partir des tableaux 1 et 2

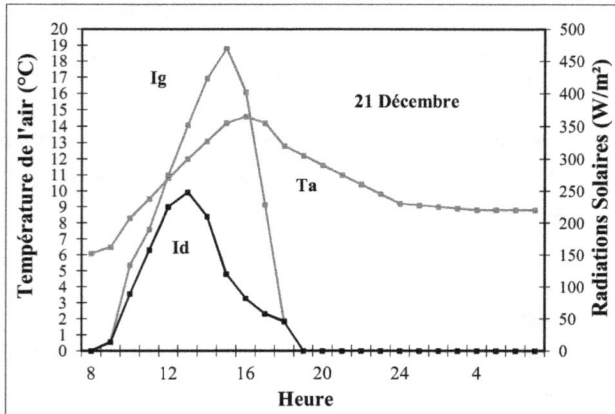

Figure 5: Donnée Météorologique hivernales de la ville de Tlemcen [18]-

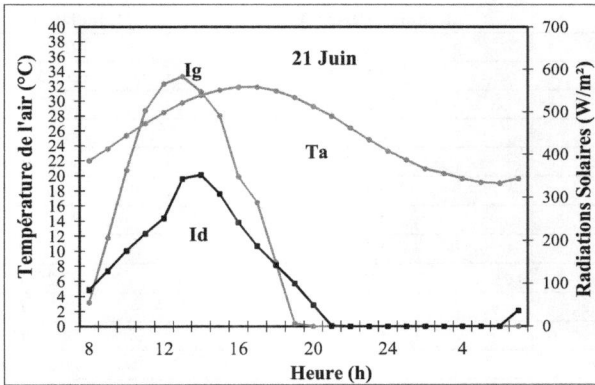

Figure 6: Donnée Météorologique estivales de la ville de Tlemcen [18] -

IV.   7. l'évolution des températures dans la maison par temps hivernal/et estivale :
La validation de la simulation résulte de l'utilisation expérimentale, elle doit prouver que le modèle thermique développé utilisant l'analyse d'état quasi-stationnaire est utile pour prévoir la température de l'air de chaque pièce de la maison étudiée (ou de la maison passive). La température de l'air tempérée de la pièce dépend du matériau de construction principal comme la boue ou le bois qui ont un coefficient de conductivité thermique assez bas et une capacité de chaleur thermique élevée rapportés par Eben [19]. Cette étude thermique d'exécution pour les conditions climatiques de la ville de Tlemcen, a été achevée pendant une année pour une saisie mensuelle, les données sont rapportées de l'office national de la météorologie, et/ou du logiciel Météonorm. Les valeurs horaires du chauffage maximum et réel/des charges de refroidissement pour la maison écologique après rénovation sont déterminées en utilisant l'Eq. (1). L'addition des valeurs horaires a comme conséquence des valeurs quotidiennes correspondant aux types de chaque temps. Les figures suivantes représentent les variations de la température dans chaque pièce de la maison pour une journée hivernale (21 Décembre), et une journée d'été (21 juin).

84

Pièce	T. initiale (Hiver) T (t)	T. initiale (été) T (t)
Séjour	13.75 °C	21.75 °C
Chambre 1	12.25 °C	20.25 °C
Chambre2	13.25 °C	21.25 °C
Serre	12 °C	20 °C
Cuisine	13.5 °C	21.5 °C
SDB 1	12.5 °C	20.5 °C
Hall	14 °C	22 °C
Garage	13.75 °C	21.75 °C
Dressing	13.25 °C	21.25 °C
Buanderie	13 °C	21 °C
SDB2	14 °C	22 °C
Bureau	12.5 °C	20.5 °C
Mezzanine	13.5 °C	21.5 °C
Grenier	13 °C	21 °C

Tableau 3 : Températures initiales (estivales et hivernales)

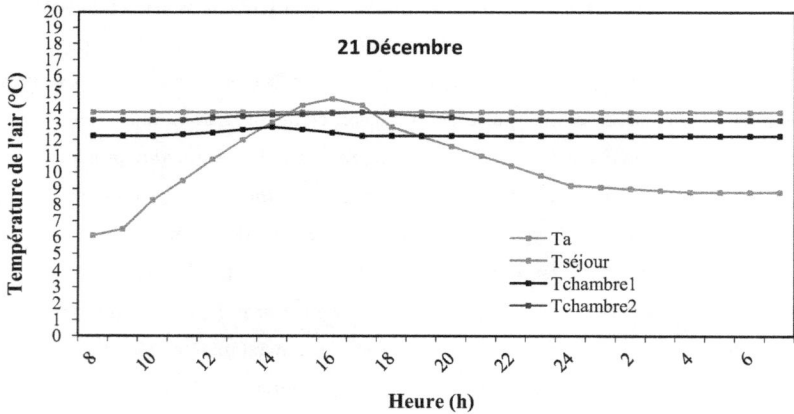

Figure 7: Variation de la température dans le séjour, la chambre 1 et la chambre 2 pour une journée hivernale -

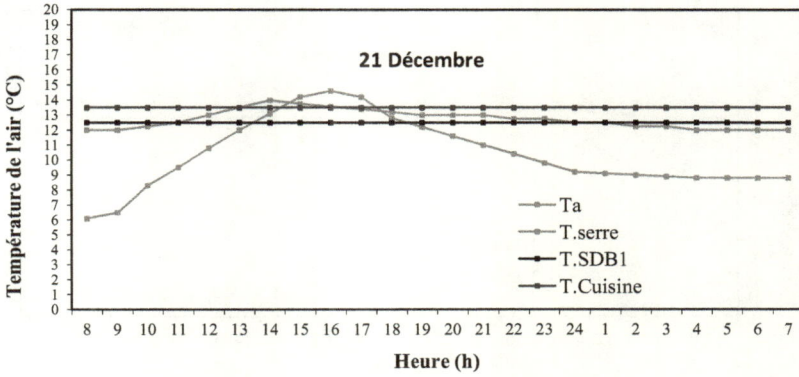

- **Figure 8:** Variation de la température dans la serre, la SDB1 et la cuisine pour une journée hivernale –

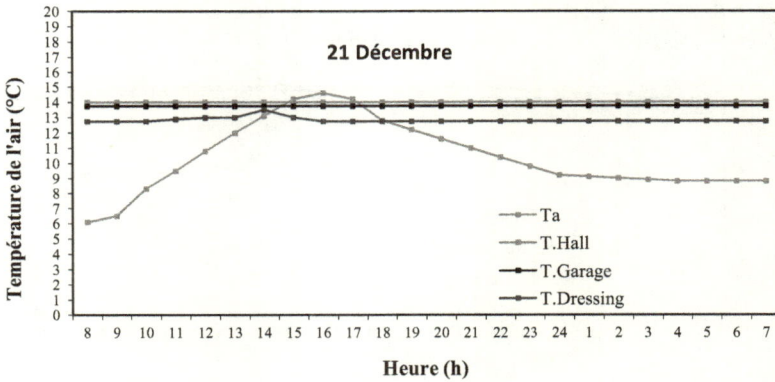

- **Figure 9:** Variation de la température dans le hall, le garage et le dressing pour une journée hivernale

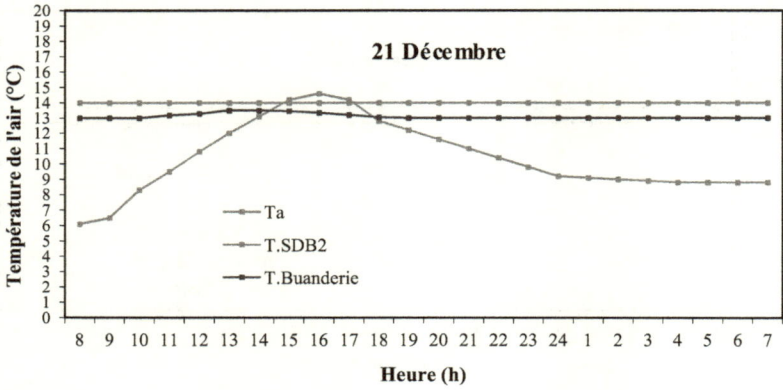

- **Figure 10:** Variation de la température dans la SDB 2 et la buanderie pour une journée hivernale -

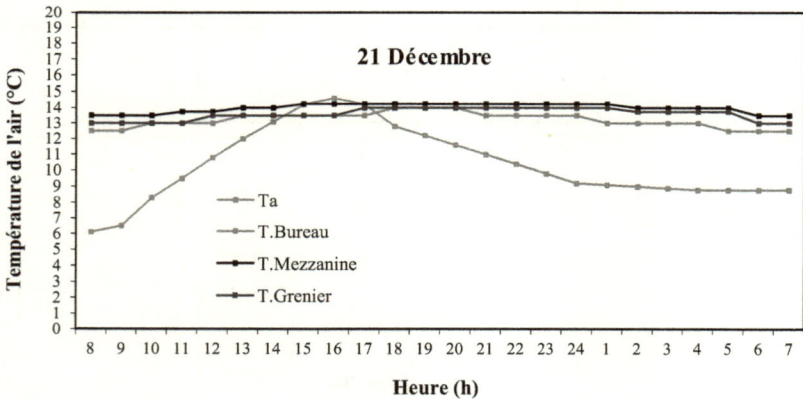

- **Figure 11:** Variation de la température dans le bureau, le grenier et la mezzanine pour une journée hivernale –

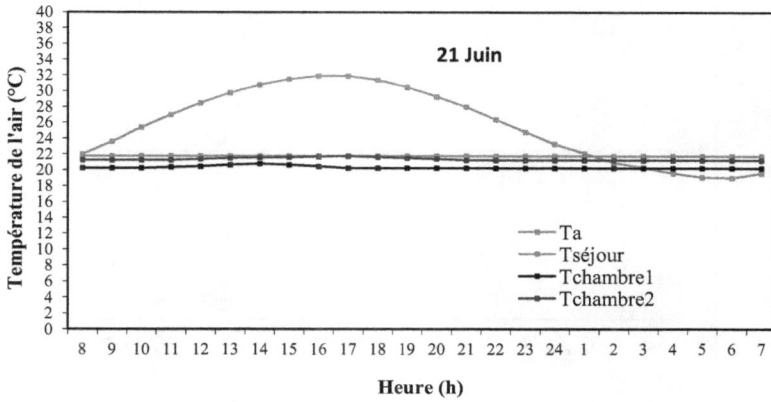

- **Figure 12:** Variation de la température dans le séjour, la chambre 1 et la chambre 2 pour une journée d'été -

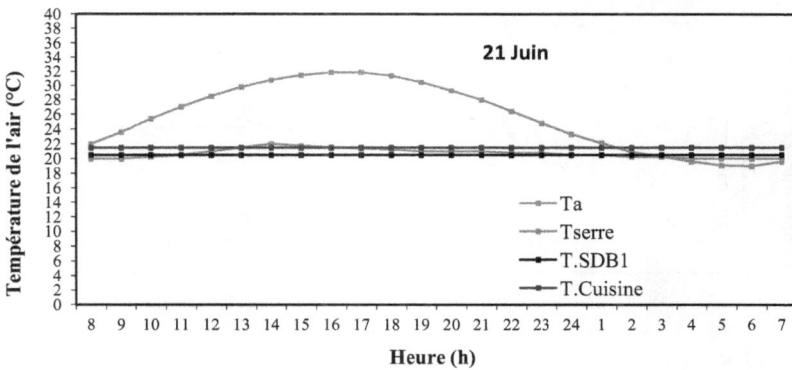

- **Figure 13:** Variation de la température dans la serre, la SDB1 et la cuisine pour une journée d'été-

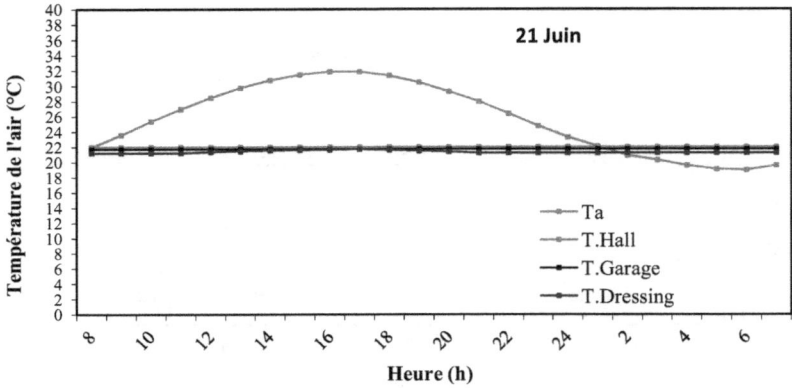

- Figure 14: Variation de la température dans le hall, le garage et le dressing pour une journée d'été –

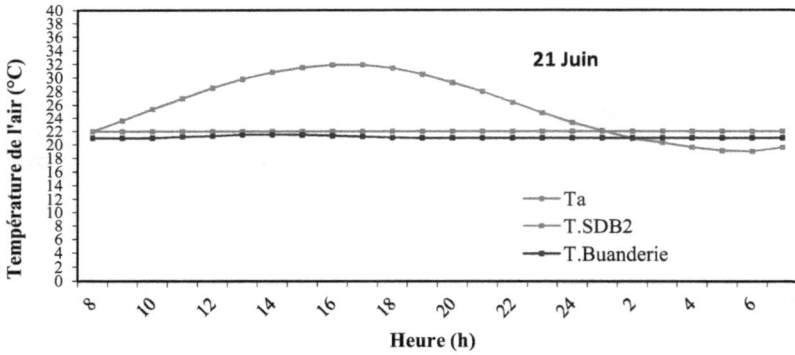

- Figure 15: Variation de la température dans la SDB 2 et la buanderie pour une journée d'été-

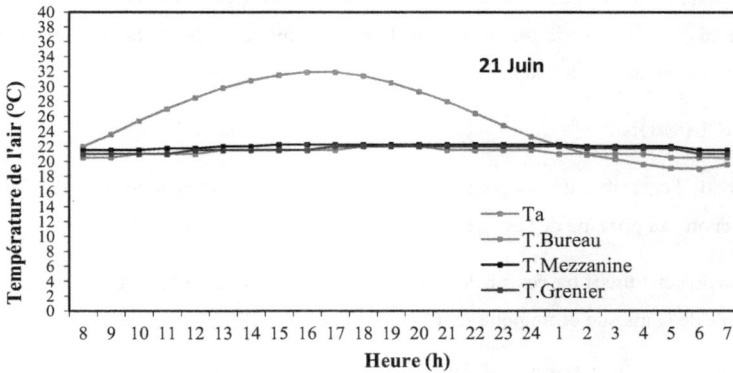

- **Figure 16:** Variation de la température dans le bureau, le grenier et la mezzanine pour une journée d'été -

Pour les figures ci-dessus, nous avons fait l'étude de l'évolution de la température pour deux journées, une d'été et l'autre d'hiver. Pour la journée hivernale 21 décembre dans notre cas (figures 7 à 11), le rayonnement solaire global et diffus sur la surface horizontale et la température de l'air ambiante sont représentés sur les mêmes figures. La température air-sol sur toutes les surfaces externes du bâtiment a été calculée numériquement en utilisant l'équation (5). Les valeurs obtenues calculées ont été employées dans des équations d'équilibre thermique de chaque pièce de la maison (sauf pour le séjour qui n'a aucun contact avec l'extérieur).

Les propriétés thermiques des matériaux de conception de la maison telles que la basse conduction thermique et la capacité de chaleur thermique élevée sont responsables de l'atténuation et le maintien de la valeur de température intérieure de l'air de pièce, et qui est presque constante par rapport à la température de l'air ambiante, Eben [19]. Les pièces à vivre (la cuisine et la chambre 2 et 1) ont une température de l'air plus élevée (de 1 à 2 °C) par rapport aux autres pièces, puisque la superficie exposée au soleil de ces pièces est plus grande par rapport aux autres pièces. Les résultats théoriques ont prouvé que les différentes pièces de la maison ont une température d'air qui varie de 12 à 14 °C pendant l'hiver pour température ambiante extérieur qui varie de 6 à 18°C. En outre, pendant le mois d'été en juin, les températures varient entre 20 et 22 °C pour la gamme ambiante de température de l'air de 20-36 °C. La performance de la maison écologique a été trouvée satisfaisante en hiver et été pour la gamme mentionnée ci-dessus de température de l'air de pièce. Par conséquent, cette étude de cas fournit la vraie perspicacité de la performance actuelle de la maison écologique en condition climatique de Tlemcen.

V. CONCLUSION :

Il ressort de l'ensemble de ces graphes que la conception architecturale, tant en plan qu'en coupe, répond au principe de base de la stratification des températures.

Les conclusions tirées basées sur les résultats thermiques d'exécution et d'analyse d'énergie incorporée de la maison écologique sont les suivants :

• La température de l'air de pièce à l'intérieur de l'habitat écologique a été trouvée tempérée dans la gamme de 12-14 °C en hiver (Tamb = 6-18°C) et 20-22 °C en été (Tamb = 20-36 °C)

• Les résultats de simulations du modèle thermique développé de la maison passive peuvent être validés par une utilisation expérimentale pour n'importe quel type d'habitation

• Pour des matériaux à propriétés comparables, on devrait choisir non seulement celui à énergie incorporée inférieure, mais également avec des incidences sur l'environnement inférieures.

• En ce qui concerne les pratiques en matière de construction, des critères additionnels devraient être pris en considération, comme le cycle de vie des matériaux de construction, la compatibilité de la vie parmi les couches, des matériaux de construction et leurs besoins de maintenance.

• Il ressort de l'ensemble de ces graphes que la conception architecturale, tant en plan qu'en coupe, répond au principe de base de la stratification des températures.

Rappel sur les Méthodes de Runge-Kutta :

Les **méthodes de Runge-Kutta** sont des méthodes d'analyse numérique d'approximation de solutions d'équations différentielles. Elles ont été nommées ainsi en l'honneur des mathématiciens Carl Runge et Martin Wilhelm Kutta lesquels élaborèrent la méthode en 1901.

Ces méthodes reposent sur le principe de l'itération, c'est-à-dire qu'une première estimation de la solution est utilisée pour calculer une seconde estimation, plus précise, et ainsi de suite.

La méthode de Runge-Kutta d'ordre 1 (RK1) :

Cette méthode est équivalente à la méthode d'Euler, une méthode simple de résolution d'équations différentielles du 1er degré.

Considérons le problème suivant :

$$y' = f(t, y), \qquad y(t_0) = y_0$$

La méthode RK1 est donnée par l'équation :

$$y_{n+1} = y_n + hf(t, y_n)$$

Où h est le pas de l'itération.

La méthode de Runge-Kutta classique d'ordre quatre (RK4) :

C'est un cas particulier d'usage très fréquent, dénoté RK4.

Considérons le problème suivant :

$$y' = f(t, y), \qquad y(t_0) = y_0$$

La méthode RK4 est donnée par l'équation :

$$y_{n+1} = y_n + \frac{h}{6}(k_1 + 2k_2 + 2k_3 + k_4)$$

Où

$$k_1 = f(t_n, y_n)$$

$$K_2 = f(t_n + \frac{h}{2}, y_n + \frac{h}{2} k_1)$$

$$K_3 = f(t_n + \frac{h}{2}, y_n + \frac{h}{2} k_2)$$

$$K_4 = f(t_n + h, y_n + h k_3)$$

L'idée est que la valeur suivante (y_{n+1}) est approchée par la somme de la valeur actuelle (y_n) et du produit de la taille de l'intervalle (h) par la pente estimée. La pente est obtenue par une moyenne pondérée de pentes :

k_1 est la pente au début de l'intervalle ;

k_2 est la pente au milieu de l'intervalle, en utilisant la pente k_1 pour calculer la valeur de y au point $t_n + h/2$ par le biais de la <u>méthode d'Euler</u> ;

k_3 est de nouveau la pente au milieu de l'intervalle, mais obtenue cette fois en utilisant la pente k_2 pour calculer y;

k_4 est la pente à la fin de l'intervalle, avec la valeur de y calculée en utilisant k_3.

Dans la moyenne des quatre pentes, un poids plus grand est donné aux pentes au point milieu.

$$pente = \frac{k_1 + 2k_2 + 2k_3 + k_4}{6}$$

La méthode RK4 est une méthode d'ordre 4, ce qui signifie que l'erreur commise à chaque étape est de l'ordre de h^5, alors que l'erreur totale accumulée est de l'ordre de h^4.

Ces formules sont aussi valables pour des fonctions à valeurs vectorielles.

[1] Ulrike Jorck (Janvier 2007), *« La maison passive en climat méditerranéen »*, école d'architecture de Lyon • formation HQE mémoire de fin de stage.

[2] Berger. X, (1984), *«Ambiances radiatives et confort thermique»*, Comportement thermique des bâtiments.

[3] – PROMODUL (Juin 2010) *« Qu'est-ce que le Confort Thermique »*, Le magazine du Confort thermique, N°9

[4] – Sylvain Moreteau, (Juin 2008), *« Les clés du confort thermique»* le magazine Maison Ecologique, N°45

[5] – POWER ZONING (Septembre 2007), *«The Air Stratification Problem»*.

[6] - Arvind Chel, G.N. Tiwari (2009), *« Thermal performance and embodied energy analysis of a passive house – Case study of vault roof mud-house in India»*, Applied Energy 86 (Elsevier), p1956 -1969.

[7] –Cooper, J.F., Christian E.R., and R.E. Johnson, (1998): «Heliospheric cosmic ray irradiation of Kuiper Belt comets.» *Adv. Space Res.*, 21, 1611-1614.

[8] – Ulgen K. (2002). *« Experimental and theoretical investigation of effects of wall's thermophysical properties on time lag and decrement factor»*. Energy & Buildings. 34(3):273-278.

[9] – ASHRAE. (1981). *« ASHRAE Handbook of Fundamentals »*, American Society of Heating, Refrigerating, and Air-Conditioning Engineers (Chapters 21–26).

[10] – ASHRAE. (2003). *«Chapter 22 Environmental Control for Animals and Plants in ASHRAE »* Applications Handbook, American Society of Heating, Refrigerating, and Air-Conditioning Engineers.

[11] – Zhang L., N. Zhang, F. Zhao , Y. Chen. (2004). *«A genetic-algorithm-based experimental technique for determining heat transfer coefficient of exterior wall surface.»* Applied Thermal Engineering. 24:339-449.

[12] – Duffie, J.A. and W.A. Beckman. (1991). *«Solar Engineering of Thermal Processes»* John Wiley & Sons, Inc. New York.

[13] M A Boukli Hacene, N E Chabane Sari, S Amara, (2011) *« Conception of a Passive and Durable House in Tlemcen (North Africa)»,* Journal of Sustainable and Renewable Energy, AIP Journals (American Institute of Physic), Issue 3, Vol 3, published online May 17 2011.

[14] R.D Watson, K S Chapman (2005); *«Radiant heating system: case studies»;* radiant heating and cooling handbook.

[15] – Chel A, Tiwari GN. (2009) *"Performance evaluation and life cycle cost analysis of earth to air heat exchanger integrated with adobe building for New Delhi composite climate".* Energy Build 2009;41(1):56–66.

[16] – S. Thiers. (2008). « bilans énergétiques et environnementaux de bâtiments à énergie positive ». Thèse de Doctorat, Ecole Nationale Supérieure des Mines de Paris. Paris

[17] – Chapra SC, Canale RP, (2002) *« Numerical methods for engineers ».* 4th ed. New York: McGraw Hill Publication.

[18] – Remund. J, Kunz. S, (novembre 2004), *«METEONORM version 5.1, Global meteorological database for applied climatology »*

[19] – Eben SMA (1990). *«Adobe as a thermal regulating material».* Sol Wind Technol;7:407–16.

Chapitre 4 : Chauffage et refroidissement à l'aide d'une Pompe à chaleur à captage au sol (Pompe à chaleur géothermale) GSHP ('Ground Source Heat Pump')

Dans cette partie il a été mis en exergue une méthode permettant le chauffage et le refroidissement naturel pour une région à climat tempéré. Le mouvement d'air est généré à l'intérieur de l'espace par des conduites de chauffage/refroidissement souterraines. Une étude en Algérie de faisabilité de la climatisation et du chauffage par un système de pompe à chaleur source sol (GSHP), couplé avec des capteurs solaires, a été entreprise dans ce travail. Elle consiste en la modélisation de la température du sol à différentes profondeurs, pour un sol calcaire dans la wilaya de Tlemcen. Le modèle employé est développé à partir de l'équation instationnaire de la chaleur pour un milieu homogène, prenant en considération la diffusivité thermique du sol, et utilisant les températures ambiantes journalières durant une année représentative pour la localité considérée.

Les résultats de l'étude ont montré la faisabilité du chauffage/refroidissement par GSHP dans la localité de Tlemcen et le type de sol considéré. La GSHP peut fournir un préchauffage important représentant entre 70 et 90 % de l'énergie de chauffage.

Mots clefs : Pompe à chaleur, Diffusivité, Capteurs, Profondeur, Température.

I. Introduction:

La température du sol constitue une donnée essentielle pour l'étude de divers projets de construction; elle est indispensable par exemple pour la conception des pistes d'aéroport et des routes, la détermination de la profondeur à laquelle les canalisations d'alimentation en eau des bâtiments peuvent être installées sans risque de gel, l'excavation des fondations, la conception et la construction des sous-sols des bâtiments. Comme la conservation de l'énergie se révèle de plus en plus nécessaire, les données sur la température du sol sont un aspect important du calcul des besoins énergétiques, par exemple pour déterminer les pertes de chaleur dans les sous-sols ainsi que pour examiner la possibilité d'utilisation du sol comme source pour les pompes à chaleur. Il incombe donc aux ingénieurs et aux architectes qui doivent faire face à ces problèmes, de connaître les facteurs déterminant les températures du sol, et de savoir comment elles vont varier selon la saison, et la profondeur de ce dernier.

Le but de notre travail est l'étude de la compatibilité d'un système de chauffage et de refroidissement très économe, ayant pour seule source la température du sol. Sachant que cette dernière varie très peu durant toute l'année, voire constante à une certaine profondeur, quelque soit le sol.

II. L'énergie géothermique :

L'énergie géothermique est l'énergie calorifique stockée sous la surface terrestre. Les profondeurs de la terre recèlent d'énormes quantités de chaleur naturelle, dont l'origine réside essentiellement dans la désintégration d'éléments radioactifs. Selon les connaissances actuelles, les températures culminent à 6000°C dans le noyau et atteignent jusqu'à 1300°C environ dans le manteau supérieur du globe terrestre. Le flux géothermique qui parvient à la surface du globe dépasse 40 milliards de kW.

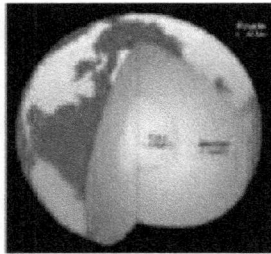

- **Figure 1:** L'énergie géothermique due au noyau de la terre [1] -

Plus de 99 % de la masse de notre Terre est soumis à des températures dépassant 1000 °C. Seul 0,1% est plus froid que 100 °C.

En moyenne, la température augmente à partir de la surface terrestre de 3 °C environ par 100 mètres de profondeur, ce qui correspond à un gradient géothermique normal. En de nombreux endroits du globe, nous constatons toutefois des anomalies géothermiques (dites «positives»), c'est-à-dire des régions présentant des gradients de température nettement plus élevés, par exemple en Islande, en Italie, en Indonésie ou en Nouvelle-Zélande.

Le but d'une exploitation de l'énergie géothermique est de capter la chaleur des profondeurs, pour l'amener à la surface de la terre en recourant à des technologies ad hoc. A certains endroits, la nature fournit elle-même le système de circulation requis, par exemple les sources thermales. En d'autres lieux, on doit faire appel à des forages avec pompes de production ou à des sondes géothermiques doublées de pompes de circulation.

La géothermie est une des sources d'énergie renouvelables qui s'adresse aux deux grandes filières énergétiques : production d'électricité et production de chaleur. [1]

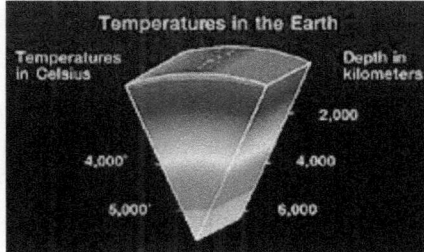

- **Figure 2:** La chaleur géothermique vient de la pression et des réactions nucléaires au noyau terrestre [2]-

II. 2. Avantages et inconvénients de la géothermie :

Par rapport à d'autres énergies renouvelables, la géothermie présente l'avantage de ne pas dépendre des conditions atmosphériques (soleil, pluie, vent), ni même de la disponibilité d'un substrat, comme c'est le cas de la biomasse. C'est donc une énergie fiable et stable dans le temps. Bien que l'énergie prélevée soit gratuite, le coût des systèmes géothermiques reste relativement élevé (du fait du système de captage généralement). [1]

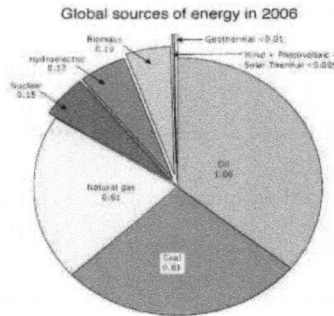

- **Figure 3:** Sources globales d'énergie exprimée en CMO (Cubic Mile of Oil) [3]-

III. Les Pompes à chaleurs :

Chaque jour, notre planète absorbe de l'énergie solaire qu'elle stocke sous forme de calories dans le sol qui reçoit également celles provenant du sous-sol profond.

Cette chaleur emmagasinée dans le sol peut être captée et transformée pour chauffer des pavillons individuels. Accessible **partout en Algérie**, cette ressource **inépuisable et gratuite** est convertie en chaleur grâce à une technologie désormais au point : La pompe à chaleur source sol.

Dans le cas d'une maison individuelle, il s'agit de capter l'énergie contenue dans les couches superficielles du sol à quelques dizaines de centimètres ou du sous-sol à quelques dizaines de mètres de profondeur. La température de ces terrains superficiels variant de 10 à 15°C, il est nécessaire d'installer un système thermodynamique pour relever le niveau de température : la **pompe à chaleur**. Cet appareil fonctionne sur le même principe qu'un réfrigérateur, mais produit l'effet inverse : de la chaleur !

Cette solution de chauffage peut également nous procurer un confort optimal, en rafraîchissant notre maison en été, dans le cas d'une pompe à chaleur dite réversible. [4]

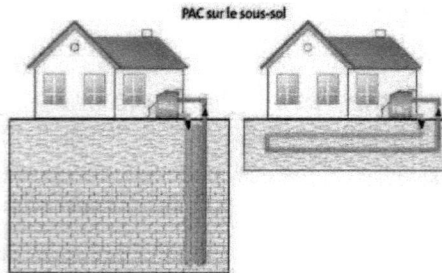

- **Figure 4:** schéma d'une pompe à chaleur [4] -

III. 1. Un quart d'électricité, trois quarts de chaleur gratuite

Les pompes à chaleur utilisent de l'électricité afin de soutirer de la chaleur au sol, à l'air, à un lac ou à une rivière.

Les pompes à chaleur modernes sont équipées de sondes verticales, qui s'enfoncent à une profondeur de 70 à 250 mètres. Elles permettent de capter trois quarts d'énergie renouvelable gratuite - la chaleur du sol - en investissant seulement un quart d'énergie électrique. Une pompe à chaleur couplée à un chauffage par le sol est une solution idéale pour un bâtiment bien isolé, car l'eau circule à une moindre température que dans des radiateurs. Moins la température de chauffage a besoin d'être élevée, meilleure est le rendement énergétique de la pompe. [5]

III. 2. Les Principes du système GSHP:

La pompe à chaleur source sol (GSHP) puise la chaleur dans le sol ou l'eau par l'intermédiaire de capteurs qui sont des tubes enterrés (voir **schéma de fonctionnement**).

Une pompe à chaleur typique exige seulement 100kWh de courant électrique pour transformer 200kWh de chaleur environnementale librement disponible en 300kWh de chaleur utile. Dans tous les cas, la chaleur utile dégagée sera plus grande que l'énergie primaire utilisée pour actionner la pompe elle-même. Les pompes à chaleur ont également un résultat relativement faible de rejet de CO_2 [6].

Il y a trois éléments importants à un GSHP :

1- La boucle au sol :

Ceci est composé des pipes disposées en longueurs et enterrées dans la terre, dans un forage ou un fossé horizontal. La pipe est habituellement un circuit fermé et elle est remplie de mélange d'eau et d'antigel, lesquels sont pompés autour de la pipe qui absorbe la chaleur du sol terre.

2- Une pompe à chaleur :

Elle est constituée de 3 parties principales :

- Le vaporisateur (par exemple, la chose gribouilleuse dans la partie froide du frigidaire) prend la chaleur de l'eau dans la boucle au sol.

- Le compresseur (c'est ce qui fait le bruit dans un réfrigérateur) déplace le réfrigérant autour de la pompe à chaleur et comprime le réfrigérant gazeux en une température nécessaire pour le circuit de distribution de la chaleur.

- Le condensateur (le compartiment chaud au fond du réfrigérateur) abandonne la chaleur à un réservoir d'eau chaude, qui alimente le système de distribution.

3 – Un système de distribution de chaleur :

Il consiste à avoir un chauffage en sous sol ou un radiateur pour chauffer l'espace et dans certains cas le stockage de l'eau pour l'approvisionnement en eau chaude.

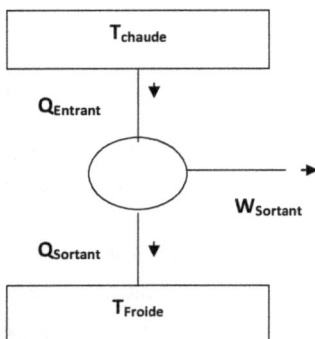

- **Figure 5:** Diagramme d'un moteur thermique -

La boucle au sol peut être obtenues par :

1 - forage.

2 - fossé horizontal droit coûte moins qu'un forage, mais il a besoins en espace est plus grand

3 - Spirale horizontal (ou bobine allante) – besoin d'une tranchée d'approximativement 10m de longueur afin de fournir approximativement 1 kW de charge thermique.

La réfrigération est l'extraction artificielle de la chaleur d'une substance afin d'abaisser sa température. Principalement, la chaleur est extraite à partir des fluides tels que l'air et les liquides. Afin d'extraire la chaleur, une région froide doit être créée. Un certain nombre d'effets peuvent être employés :

- L'effet de Peltier (inverse des thermocouples).

- Réactions chimiques endothermiques.

- Vaporisation induite d'un liquide.

En termes thermodynamiques un réfrigérateur est l'inverse d'un moteur thermique c.-à-d., la chaleur peut être transférée à partir d'un réservoir froid vers un réservoir chaud par la dépense d'un travail (fig. 6).

Le principe d'une pompe à chaleur n'est pas différent de celui d'un réfrigérateur.

Une pompe à chaleur est utilisée pour fournir la chaleur tandis qu'un réfrigérateur est utilisé pour obtenir le froid.

La vue technique du processus de pompe à chaleur :

La pompe à chaleur est un dispositif mécanique utilisé pour chauffer et refroidir, dont le principe est de déplacer la chaleur d'un milieu plus chaud vers un milieu plus froid.

Une GSHP emploie la terre pour chauffer la maison pendant l'hiver et la refroidir pendant l'été. Nous avons tous une pompe à chaleur dans le réfrigérateur d'une maison. Si nous mettons notre main derrière le réfrigérateur, nous sentons la chaleur qui a été enlevée de la nourriture. C'est le même principe qui est employé pour déplacer la chaleur vers la maison depuis la terre. La pompe à chaleur déplace la chaleur d'une source de basse température à une source à hautes températures. Le processus d'augmenter la basse température à plus de 100 °F (38 °C) et de la transférer à l'intérieur implique un cycle d'évaporation, de compression, de condensation et d'expansion. Un réfrigérant est employé comme milieu de transfert de chaleur, qui circule dans la pompe à chaleur (fig. 5).

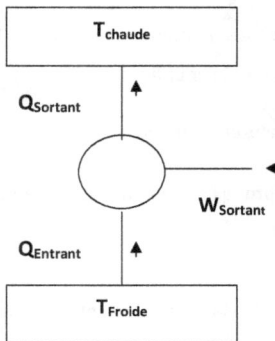

- **Figure 6:** Moteur thermique réservé (Réfrigérateur) -

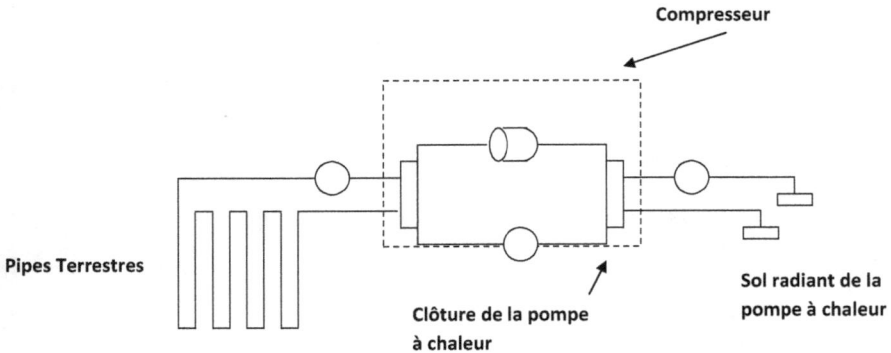

- **Figure 7:** Cycle de la pompe à chaleur -

Les coûts d'installation de la GSHP varient selon la conception et l'application (soit entre 425 $/Kw et 840 $/Kw). Les systèmes GSHP ont le potentiel de réduire l'énergie refroidissante de 30% à 50% et de réduire l'énergie calorifique de 20% à 40% [7]. Les pompes à chaleur géothermiques tendent à être plus rentables que les systèmes conventionnels dans les applications suivantes :

- Dans la nouvelle construction où il est relativement facile d'incorporer cette technologie, ou pour remplacer un système existant en fin de vie.

- En climats caractérisés par les oscillations quotidiennes de la température, la où les hivers sont froids et les étés chauds, la où le coût d'électricité est plus élevé.

- Dans les secteurs où le gaz naturel est indisponible et plus coûteux que l'électricité.

III. 3. Les technologies des Pompes à chaleur géothermique :

A- Le captage :

Les capteurs peuvent être installés horizontalement ou verticalement. Dans ce dernier cas, on parle aussi de sondes géothermiques.

- *Les capteurs horizontaux* : Il s'agit de tuyaux (en polyéthylène généralement) enterrés horizontalement à faible profondeur (de 0,6 m à 1,2 m) dans lesquels circule un fluide caloporteur. Les capteurs sont installés sur le terrain jouxtant le bâtiment.

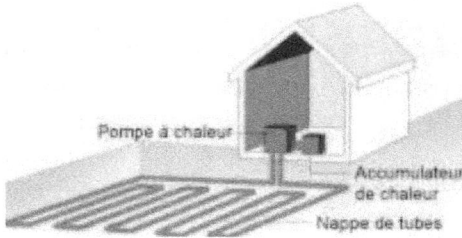

- **Figure 8:** Représentation des capteurs horizontaux -

Ils nécessitent une surface de terrain relativement importante (entre 225 et 300 m^2 pour une maison de 150 m^2. Pelouses, massifs et buissons peuvent cohabiter avec ce type de capteur. Par contre les arbres doivent s'en trouver à plus de 2 m, les réseaux enterrés non hydrauliques à 1,5 m, et les fondations, les puits, les fosses septiques et les évacuations à 3 m.

La longueur totale des tubes d'un capteur horizontal dépasse plusieurs centaines de mètres. Ils sont repliés en boucles distantes d'au moins 40 cm, pour éviter un prélèvement trop important de la chaleur du sol (risque de gel permanent du sol). [8]

A la profondeur à laquelle les capteurs sont installés, l'incidence du flux géothermal est inexistante. Les apports de chaleur sont effectués par l'énergie solaire et les infiltrations de pluie. C'est pourquoi le terrain doit être adapté :

- il doit être bien exposé au soleil,

- il ne peut être recouvert d'un revêtement en dur (terrasse, piscine, …),

- si il est rocheux et peu favorable aux échanges thermiques, il faudra un lit de sable,

- si il est trop pentu, il faudra envisager un remblaiement.

Les capteurs horizontaux sont faciles d'installation et ont des coûts initiaux plus bas que les capteurs verticaux. Toutefois, ils affichent des rendements inférieurs à cause des températures souterraines plus basses. Ils nécessitent par ailleurs une grande surface de terrain. [9]

104

- *Les capteurs verticaux,* Il s'agit d'une sonde verticale qui va puiser l'énergie contenus dans le sous-sol de la Terre. Un forage est effectué dans lequel est placé un capteur (tube en U, ou double U en polyéthylène) contenant un fluide caloporteur. Il est ensuite scellé par du ciment et de la bentonite. La profondeur du forage peut atteindre jusqu'à 200 m.

A 10 m de profondeur, la température du sol est pratiquement constante toute l'année et est voisine de 13°C. En descendant en profondeur, la température s'élève de 2 à 3°C tous les 100 m.

La puissance linéaire des capteurs verticaux est d'environ 50 W/m ; mais cela dépend de la conductivité thermique du terrain.

La quantité d'énergie utilisable d'une sonde géothermique profonde dépend de plusieurs paramètres :

- de la température atteinte dans le sous-sol, celle-ci est proportionnelle à la longueur de la sonde,

- des caractéristiques thermiques du sous-sol, notamment sa conductibilité thermique,

- du type de construction de la sonde et de la colonne de production.

Les capteurs verticaux ont des coûts beaucoup plus élevés que les capteurs horizontaux, surplus essentiellement lié au forage. Cependant, ils ont besoin d'une surface de terrain plus faible.

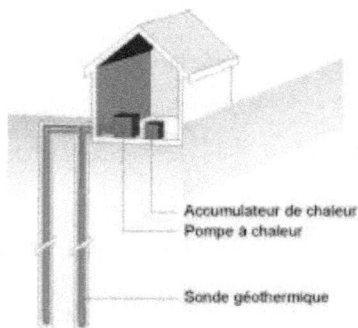

- **Figure 9:** Représentation des capteurs verticaux -

- Les pieux énergétiques:

Il existe aussi ce que l'on appelle les pieux géothermiques. Dans le cas de construction de bâtiments nécessitant des pieux à grandes profondeurs, il est possible d'utiliser ces structures de béton pour capter l'énergie thermique du sol. Les capteurs sont alors installés au cœur des fondations, d'où leur nom de pieux géothermiques.

- Figure 10: Représentation des pieux énergétiques [8] -

III. 4. Efficacités de la pompe à chaleur :

Une pompe à chaleur peut épargner pas moins de 30%-40% de l'électricité utilisée pour le chauffage. Si nous employons l'électricité pour chauffer la maison, l'installation d'un système de pompe à chaleur est recommandée.

Les pompes à chaleur sont la forme la plus efficace d'un chauffage électrique dans les climats doux et modérés, fournissant deux à trois fois plus d'énergie de chauffage que la quantité d'électricité équivalente quelle consomme. Des pompes à chaleur sont recommandées pour les régions ou le climat est doux et modéré, où les températures d'hiver demeurent habituellement au-dessus de 30 °F (-1°C). Les pompes à chaleur à captage au sol sont plus efficaces et plus économes, comparées aux pompes à chaleur conventionnelles. Trois types de pompes à chaleur sont en général disponibles pour des résidences :

(1) air-air, (2) source d'eau, et (3) source au sol. Les pompes à chaleur rassemblent la chaleur de l'air, de l'eau, ou de la terre en dehors des maisons et la concentrent pour l'usage à l'intérieur de la maison. Les pompes à chaleur fonctionnent à l'envers pour refroidir la maison en rassemblant la chaleur à l'intérieur de la maison et en la pompant effectivement dehors [10]

Système	Efficacité d'énergie primaire (%)	Emission de CO_2 (kg CO_2/kWh)
Chaudière à huile tiré	60 – 65	0.45 – 0.48
Chaudière à Gaz tiré	70 – 80	0.26 – 0.31
Chaudière à condensation du gaz + système basse température	100	0.21
Chauffage électrique		
L'électricité conventionnelle+ GSHP	36	0.9
L'électricité Verte + GSHP	120 – 160	0.27 – 0.20
	300 - 400	0.00

- **Tableau 1 :** comparaison des différents systèmes de chauffage [11] -

III. 5. Le coefficient de performance ou COP :

Le compresseur fonctionne à l'électricité : si pour chaque kWh électrique consommé par le compresseur, le système émet 3 kWh thermiques dans le bâtiment à chauffer, on dit qu'il a un COP de 3 (COP = Coefficient de Performance). Le COP détermine donc directement la facture d'électricité qui sera nécessaire pour chauffer un bâtiment. **Mais attention : le COP annoncé n'est quasiment jamais atteint !** Il s'agit d'une donnée théorique de laboratoire qui mesure le niveau de performance de la machine, dans des conditions d'essai assez éloignées de la réalité. Ainsi, le rendement d'une PAC sur air est très inférieur au COP annoncé, qui est calculé à une température extérieure de + 7°C, ce qui n'est pas vraiment une température hivernale. [12]

III.   6. Les pompes à chaleur géothermiques sont-elles écologiques ?

Dans l'habitat individuel, on parle beaucoup en ce moment de ce système en le présentant comme un chauffage « naturel, écologique, économique et propre » : ces qualificatifs ne sont pas tous justifiés. Il s'agit en réalité d'un mode de chauffage électrique amélioré ou optimisé. Comme expliqué précédemment, la PAC consomme nettement moins d'électricité qu'un chauffage électrique classique (à convecteurs, radiants, systèmes d'accumulation, etc). Elle lui est bien sur préférable. Par rapport à une chaudière, la PAC consomme a peu près autant d'énergies fossiles ou fissiles qu'un chauffage gaz, propane ou fioul. La PAC émet nettement moins de CO_2 que les chaudières, mais produit plus de déchets nucléaires. Les PAC seront donc vraiment écologiques quand leur rendement réel sera nettement supérieur à 3, et qu'elles consommeront une électricité majoritairement renouvelable. [13]

III.   7. Eléments de coûts :

Pour une maison individuelle, le coût pour une installation de pompe à chaleur géothermiques à capteurs horizontaux est d'environ **15 à 20 000 €** (hors plancher chauffant ou radiateurs).

Pour un système avec capteurs verticaux, le coût est encore plus important, le forage étant assez onéreux. [13]

Selon l'ADEME [14], pour une maison individuelle, un chauffage par PAC géothermique coûte de **70 à 100 €/m²** de surface à chauffer (sans option) avec captage horizontal et de **140 à 180 €/m²** pour un captage vertical. Attention ces chiffres sont des moyennes et ils peuvent évoluer dans le temps.

IV. Application du GSHP pour le chauffage et le refroidissement d'une habitation écologique:

Pour rappel, nous parlons d'une maison écologique lorsque deux critères sont respectés : 80 % au moins de l'énergie d'un foyer sont économisés par rapport à la moyenne, mais cela peut aller beaucoup plus loin, jusqu'à une consommation nulle voire négative (production nette d'énergie), et l'utilisation des matériaux écologiques, sains, et durables [15]. Les principales exigences d'une habitation écologique sont:
- L'alliance de terrain avec le climat local
- L'orientation : savoir jouer avec le soleil
- Le bilan carbone : traquer les émissions cachées
- L'isolation thermique : une nécessité absolue
- Les murs : des matériaux sains, et naturels
- La ventilation : de l'air neuf en quantité suffisante
- Les fenêtres : bannir le simple vitrage
- Privilégier les énergies renouvelables pour le chauffage et le refroidissement
- Créer un environnement sain et confortable pour ses utilisateurs.
Notre but est le fonctionnement théorique du système GSHP dans une maison situé à Tlemcen, dans un quartier dit « Birouana » (Dont la composition du sol se trouve en Annexe). Pour cela nous devons étudier la compatibilité de l'installation ainsi que la variation de la température du sol. Les figures 11 et 12 montrent l'intégration du système GSHP dans une

habitation écologique. Les figures 13 et 14 quand à elles, schématisent la GSHP couplée avec les capteurs solaires, pour les cycles d'hiver et d'été.

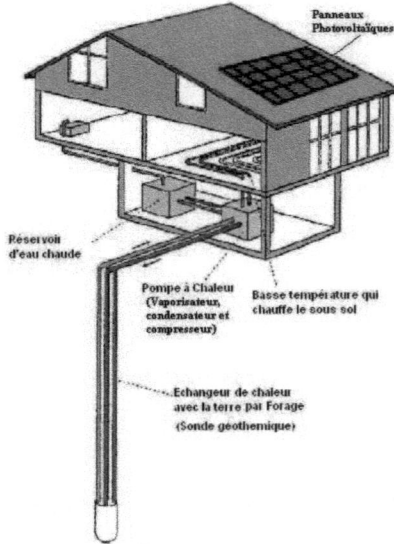

- **Figure 11:** Chauffage par GSHP [16] -

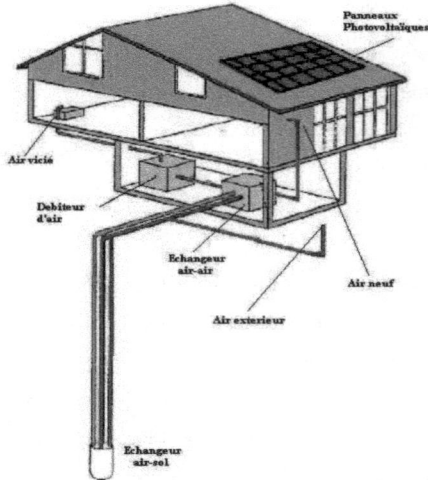

- **Figure 12:** Refroidissement par GSHP [16] -

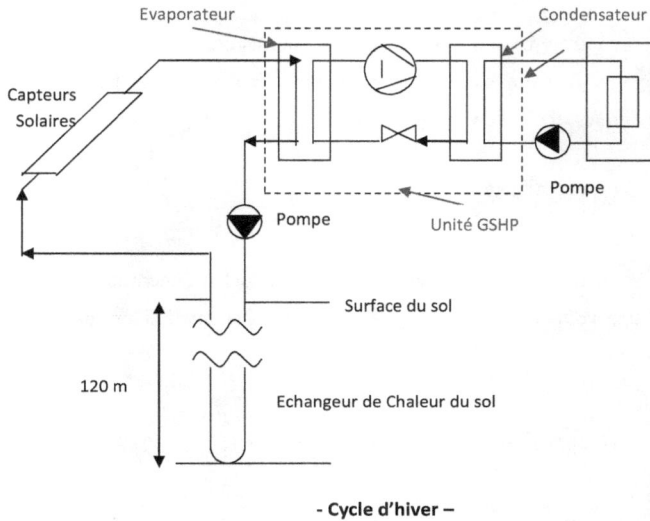

- **Cycle d'hiver** –

Figure 13: Schéma du GSHP couplé avec des capteurs solaires (Cycle d'Hiver) [16]

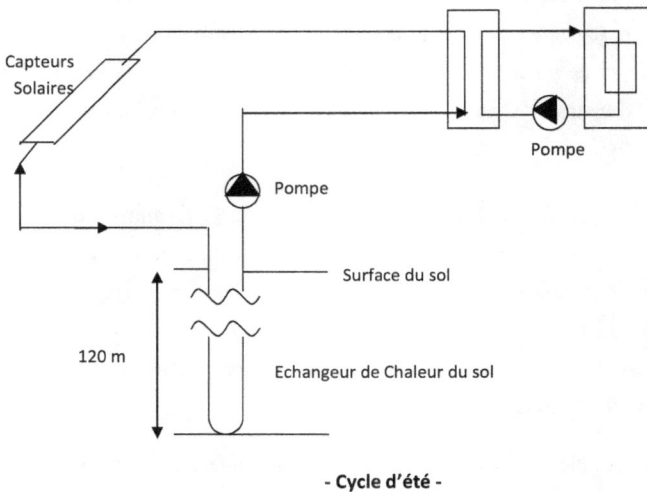

- **Cycle d'été** -

- **Figure 14:** Schéma du GSHP couplé avec des capteurs solaires (Cycle d'été) [16]

V. Température du sol:

La variation de la température ambiante de l'air T_a, journalière ou annuelle, pourrait être considérée comme une fonction sinusoïdale avec une fréquence angulaire ω durant une période t_0. Mathématiquement, cette variation est décrite par:

$$T(t) = T_a + A_a . \cos(2\pi . \frac{t}{t_0}) \dots\dots\dots\dots\dots (1)$$

La température du sol à une profondeur z (m), avec une conductivité thermique λ (w/m, K) et la capacité calorifique volumétrique C (J/m³, K), oscille aussi selon sinusoïdalement selon l'équation suivante [17, 18, 19]:

$$T(t,z) = T_a + A_a . e^{-\frac{z}{d_0}} . \cos(2\pi . \frac{t}{t_0} - \frac{z}{d_0}) \quad \dots\dots (2)$$

L'amplitude d'une variation de température à la surface du sol correspond généralement à l'amplitude d'une variation correspondante de la température de l'air. L'équation précédente, indique que l'amplitude diminue de façon exponentielle en fonction de l'éloignement de la surface, à un taux prescrit par le temps nécessaire à un cycle complet. Les températures du sol sont généralement constantes au cours de l'année pour des profondeurs supérieures à 5 et 6 m. La température moyenne annuelle du sol est presque constante avec la profondeur; elle augmente toutefois d'environ 1°C par 50 m à cause de la chaleur géothermique provenant du centre de la terre. [20]

Une inspection de l'expression de la température du sol {Eq. (2)} permet d'observer deux effets de la profondeur sur la température: un amortissement de l'amplitude de la variation et un déphasage des pics. Par exemple, l'amplitude est amortie au dixième de sa valeur pour une profondeur égale à 2,3 fois la profondeur de pénétration, d, de l'onde de chaleur dans le sol et on atteint une température constante (c'est-à-dire une variation inférieure à 0,1°C sur toute l'année) pour des profondeurs supérieures à 4,6 d.

Le déphasage est bénéfique car il augmente la différence de température entre l'ambiant et le sol. Le déphasage maximum, c'est-à-dire un déphasage égal à la moitié de l'année, est obtenu pour une profondeur de 3,14 d. Cependant, à cette profondeur l'amplitude de la variation de température est amortie à 4 % de sa valeur à la surface. Ce qui veut dire qu'on ne peut pas amplement en profiter du point de vue énergétique.

d_0 représente la profondeur de pénétration (m) de l'onde de chaleur dans le sol. Elle est donnée par:

$$d_0 = \sqrt{\frac{\lambda . t_0}{C . \pi}} \qquad \text{ou} \qquad d_0 = \sqrt{\frac{D_f . t_0}{\pi}} \dots \dots (3)$$

Donc, il suffit de connaître la diffusivité thermique du sol, D_f, pour pouvoir évaluer la température du sol en fonction du temps et de la profondeur. La diffusivité D_f dépend de la nature du sol. Différentes compositions de la couche externe du sous-sol Maghrébin on été examinées [21], pour obtenir par exemple :

Composition	D_f [m²/s]
Calcaire	$0.6939.10^{-6}$
Gravier Sec	$0.2666.10^{-6}$
Gravier Saturé	$0.75.10^{-6}$
Sable Sec	$0.2758.10^{-6}$
Sable Saturé	$0.9230.10^{-6}$
Argile/Limon Sec	$0.3226.10^{-6}$
Argile/Limon Saturé	$0.7083.10^{-6}$

-**Tableau 2:** Les différents conches du sol maghrébin [21]-

Généralement, l'amplitude de la température du sol A_g , diminue avec la profondeur :

$$A_g = A_a . e^{-\frac{z}{d_0}} \dots \dots (4)$$

(A_a): L'amplitude de la température du sol représente la moitié de la différence entre les valeurs maximales journalières et les valeurs minimales nocturnes.

$T(t,z)$ La température du sol à une profondeur h de la surface (°C)

T_a La température ambiante moyenne (°C)

A_a L'amplitude de la température de l'air (°C)

A_g L'amplitude de la température du sol (°C)

T Le temps sur une année (s)

t_0 La période de variation de la température (s), dans ce cas t_0=24*3600 s pour une Variation journalière, ou t_0=8760*24 pour une variation annuelle

d_0 Profondeur de la pénétration (m)

z La profondeur (m)

λ La conductivité thermique (W/m.K)

C Capacité calorifique volumétrique (J/m^3.k)

Ω Fréquence angulaire égale à 0.0172 rad/jour, ce qui correspond à une période de 365 jours.

La variation du temps φ, entre la température extérieur et celle du sol à une profondeur z :

$$\varphi = t_2 - t_1 = \frac{z}{2}.\sqrt{\frac{C.t_0}{\lambda.\pi}} \ \ldots\ldots (5)$$

En connaissant les propriétés thermiques du sol, la profondeur optimale z_{op}, peut être déterminée.

La profondeur optimale z_{op} est définit comme étant la profondeur où la variation du temps est égale à $t_0/2$, c.-à-d quand la température maximale extérieur est associée à la température minimale à z_{op}, l'équation précédente donne :

$$\varphi = \frac{t_0}{2} = \frac{z_{op}}{2}.\sqrt{\frac{C.t_0}{\lambda.\pi}} \Rightarrow z_{op} = \pi.\sqrt{\frac{\lambda.t_0}{C.\pi}} = \pi.d_0 \ \ldots\ldots (6)$$

L'amplitude de la température du sol ; à une profondeur z_{op} devient :

$$A_g = A_a.e^{-\pi} \Rightarrow \frac{A_g}{A_a} = 4.321\% \ \ldots\ldots\ldots(7)$$

A partir de cette équation, nous concluons que l'amplitude de la température à la profondeur optimale z_{op} n'est pas une fonction des propriétés thermiques du sol, mais dépend de l'amplitude de la température à la surface du sol. La figure suivante (figure 15), montre la différence entre température de l'air (c.-à-d. à la surface du sol) et celle du sol à la profondeur optimale pour le changement cyclique annuel de la température ambiante.

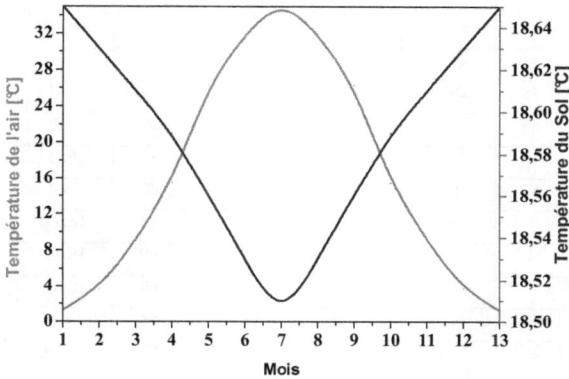

- **Figure 15:** Variation de la température de l'air et celle du sol, pour $D_f = 0.6939.10^{-6}$ m²/s, Pour une année $Z_{op}=7.305$ m

Tous les sols n'ont pas la même conductivité thermique, un sol argileux par exemple, ne conduira pas la chaleur de la même façon qu'un sol rocheux, l'expérience [22] a montré que les sols rocheux ont une plus grande efficacité thermique. La diffusivité thermique du sol de la ville de Tlemcen est égale à $0.6939.10^{-6}$ m²/s, car les terrains sont des calcaires à lithothamniées riches en coquilles de fossiles de type lumachellique d'âge Miocène post-nappes. Ces calcaires reposent sur des argiles à intercalations gréseuses d'âge Tortonien [23].

La figure suivante (figure 9) représente la température souterraine, qui est fonction de la profondeur à différents temps de l'année.

En dessous d'une certaine profondeur, qui dépend des propriétés thermiques de la terre, les variations de la température saisonnières à la surface du sol disparaissent et deviennent équivalents à la température de l'air. Donc, à cette profondeur la température du sol est plus chaude que l'air pendant l'hiver et plus froide que l'air pendant l'été.

La chaleur absorbée par la terre en été, est emmagasinée dans le sol en été, puis utilisée en hiver [24]. L'énergie thermique extraite est une **ressource renouvelable** puisque la variation de la température saisonnière restaure celle de la surface du sol. L'effet de réchauffement de la planète, sur la température du sol, a été négligé dans l'analyse courante.

Mois	Profondeur de la pénétration (m)							
	0 m	1 m	2 m	3 m	4 m	5 m	6 m	7 m
Mai	26.31	20	17.5	17.35	17.83	18.29	18.4	18.6
Juin	31.73	23.28	18.56	17.98	18.09	18.19	18.37	18.62
Juillet	35.84	28.23	22.63	18.66	18.23	18.16	18.31	18.65
Août	31.98	29.47	24.75	20.59	18.36	18.2	18.33	18.53
Septembre	25.55	27.42	24.83	21.82	18.89	18.29	18.38	18.59
Octobre	23.49	25.47	22.9	20.09	18.81	18.38	18.2	18.56
Novembre	8.96	16.96	20.2	20.12	19.42	18.4	18.48	18.54
Décembre	4.2	13.55	17.86	18.79	18.83	18.41	18.49	18.56
Janvier	1.21	9.19	14.92	18.4	18.69	18.41	18.48	18.56
Février	3.8	7.53	12.81	17.09	18.69	18.41	18.48	18.56
Mars	11.43	9.73	12.12	15.6	18.53	18.4	18.48	18.57
Avril	13.29	11.28	13.68	16.67	18.09	18.39	18.56	18.59

-**Tableau 3:** Température du sol à différentes profondeurs-

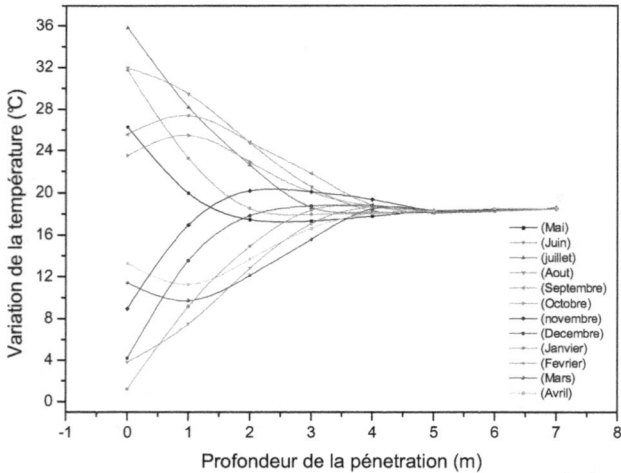

- **Figure 16:** Profile de la température à travers le sol [25]-

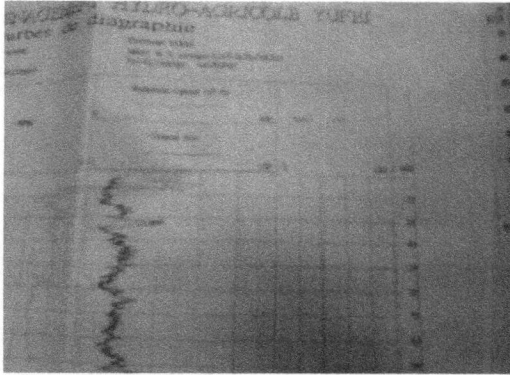

Figure 17: Variation de la température du sol de la ville de Tlemcen en fonction de la profondeur [26]

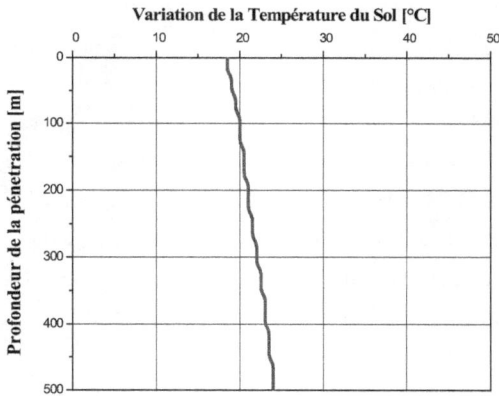

Figure 18: Représentation graphique de la variation de la température du sol de la ville de Tlemcen en fonction de la profondeur

Pour valider nos résultats, nous avons fait une comparaison entre les calculs théoriques de la température du sol (figure 16), et expérimentaux (figure 17), obtenue par un forage fait à Tlemcen [26] La température du sol entre 0 et 7 m est de 18.5°C et elle reste inchangée de 7 a 200 m, mais au delà de cette profondeur, nous remarquons un changement (la température augmente, même sur les photos prise à la direction de l'hydraulique), nous remarquons une

116

« similitude » entre les deux figure (17 et 18) jusqu'à un point critique ou la température commence à augmenter. Au de la de 200 m l'équation de chaleur ne sera pas valable, puisqu'il manque bel et bien un paramètre, ce paramètre est due a à la chaleur géothermique dégagée par le centre de la terre. Donc l'usage de la GSHP, doit se faire en une profondeur limitée.

VI. Conclusion :

L'étude de faisabilité entreprise dans ce travail a montré que le chauffage et la climatisation par un système de pompe à chaleur source sol est possible pour la localité de Tlemcen et son type de sol considéré. Les meilleures profondeurs pour la climatisation et le chauffage étant assez proches, on pourrait faire envisager une seule installation pour les deux applications. Ce qui rend le préchauffage d'autant plus attrayant, car l'installation serait amortie par la climatisation et le préchauffage serait pratiquement gratuit.

Il a été observé qu'il existe une profondeur qui maximise le nombre de jours où un potentiel thermique important est disponible. Toutefois, l'optimisation technico-économique de la sélection de la profondeur ne pourra être fait que lorsque les choix de la technologie et du site sont faits, car la profondeur de l'installation influence son coût de deux façons. Tout d'abord le coût d'excavation croit avec la profondeur. Mais, en même temps le potentiel thermique augmente, ce qui réduit la taille et le coût du système. De plus, le nombre de jours où ce potentiel thermique est maintenu dicte la rentabilité du système. Une étude technico-économique de la profondeur à utiliser, à travers des études de cas, pourrait former une extension et une suite de ce travail.

[1] – R. Ferrandes (1998) *«La chaleur de la Terre»*, 400 p., ISBN : 2-86817-301-2.

[2] – M. O. Abdeen, (2006) *«Ground-source heat pumps systems and applications»*, Elsevier, p.348.

[3] – Michael Kanellos, (2008) *«Can renewable energy make a dent in fossil fuels?»* Stanford Research Institute, SRI International.

[4] – BRGM, (2011) *«Je chauffe ma maison»*, Géothermie perspectives, ADME-BRGM .

[5] – Energie-environnement (2007), *«La Suisse possède la plus grande concentration de pompes à chaleur géothermiques»*, article de presse, Geothermie.Ch, Janvier 2007.

[6] – Allan ML, Philippacopoulos AJ (1999). *«Ground water protection issues with geothermal heat pumps»*. Geothermal Resour Coun Trans;23:101–5.

[7] – Florence Jaudin, Johan Ransquin (2010), *«Investigations into GSHP development in France»*, Proceedings World Geothermal Congress 2010, Bali, Indonesia, 25-29 April 2010

[8] – Laporthe S, (2004), *«Petit guide des pompes à chaleur géothermales, Développement Durable Environnement et Systèmes Energétiques»*, Mars 2004

[9] – Diao N., Li Q, Fang Z. (2004). *«Heat Transfer in Ground Heat Exchangers with Groundwater Advection»* International Journal of Thermal Sciences 2004; 43(12):1203–1211

[10] - Richard Phillips (2007), *«Chaleur ambiante, pompes à chaleur»*, Office fédérale de l'énergie OFEN, Suisse, Novembre 2007

[11] – M. O. Abdeen, (2006), *«Ground-source heat pumps systems and applications»*, Elsevier, 2006 p.348

[12] - groundmed (2010), *«État de l'art des modes de captage géothermique»*, SÉMINAIRE POMPES A CHALEUR GÉOTHERMIQUES, CETIAT, Novembre 2010.

[13] - Rhônalpénergie-Environnement (2007), *«Chauffage électrique et pompes à chaleur (PAC)»*, Guide pratique des Économies d'énergies et des énergies Renouvelables, Article de Presse, Conseil régional Rhône-Alpes, Fevrier 2007

[14] - Immoxygène (2010), *«Quels sont les coûts d'une pompe à chaleur géothermique ? »*, Financer une station géothermique, Article de revue, Immoxygène Tout sur l'écohabitat, Novembre 2011.

[15] - Pr chemseddin chitour (2010). *« Dures vérités sur l'avenir énergétique de l'Algérie »* mardi 16 février 2010

[16] - M A Boukli Hacene & al (2010) *« L'utilisation de la Pompe à chaleur source sol (GSHP) pour le chauffage et le refroidissement d'une maison écologique»*, Journal of Scientific Research Vol. 1 P 58-61.

[17] - Massoud M. (2005). *«Engineering Thermofluids Thermodynamics, Fluid Mechanics, and Heat Transfer»*. University of Maryland, USA.

[18] - Al-Ajmi F., Loveday D.L., Hanby V.I. (2006). *«The Cooling Potential of Earth–Air Heat Exchangers for Domestic Buildings in a Desert Climate»*. Building and Environment 2006; 41(3): 235–244

[19] - Nordell B., Soderlund M. (1998). *«Solar Energy and Heat Storage»*. Luleå University of Technology

[20] – Aston, D. (1973), *« Soil temperature data 1958-1972»*. Environment Canada, Atmospheric Environment Service, CLI-2-730

[21] – M.S. Guellouz, G. Arfaoui. (2008) *«Potentiel de la géothermie de surface pour le chauffage et la climatisation en Tunisie»*, Revue des Energies Renouvelables CICME'08 Sousse 143 – 151.

[22] - Habitat Naturel (2007), *«Le puits canadien : pour quelques degrés de plus ou de moins»* Habitat naturel, n°16, septembre/octobre 2007, p.50

[23] - Hassiba Stambouli-Meziane, (2009). « *La diversité floristique de la végétation psammophile de la région de Tlemcen (nord–ouest Algérie)* », Elsevier, C. R. Biologies 332, p.711–719

[24] – Lund J.W., Freeston D.H. and Boyd T.L. (2005). «*Direct Application Of Geothermal Energy: 2005*», Worldwide Review. Geothermics 2005; 34(6): 691-727.

[25] - M A Boukli Hacene, N E Chabane Sari; (2011) «*Analysis of the first thermal response test in Algeria*", Journal of thermal analysis and calorimetry, Springer. DOI: 10.1007/s10973-011-1635-1, Vol 104, Number3, published online May 18 2011.

[26] - A Achachi (1998), «*Sondage Birouana, "Akid Lotfi Stadz" -Tlemcen*», Direction de L'Hydraulique de la Wilaya de Tlemcen, Octobre 1998.

SONDAGE *Birouana "Akid lotfi Stade"*

Carte : *Tlemcen 1:25.000   7-8*

Date des travaux : *25-07-98 au 22-08-98*   Long : _____ X *134.650*

Echelle de la coupe : *1:1000*   Lat : _____ Y *182.950*   Z *800 m.*

N° Fichier Forages	N° Inventaire

Profondeurs et cotes	Tubages et Cimentation	Plans d'eau	Echant.	Coupe	DESCRIPTION GEOLOGIQUE	Etage
0,0					6m — *Remblai par un Tout-venant*	
		N.S: 16.15m			*Calcaire bleu, à passées d'argiles rougeâtres* — 19m	
					25m — *Passage de Sables jaunes, Argileux.*	
					25m — *Argiles Sableux, à faible % de graviers.*	
					30m — *Calcaire dolomitique, friable donnant du Sable, avec un passage de niveaux argileux*	
					— *Calcaire bleu*	
					42m — *Calcaire dolomitique, très friable, donnant du Sable.*	
50,0					*Calcaire bleu, Microsparitique Par Endroits, ils Sont Dolomitique.*	*Jurassique "Kimmeridgien"*
100,0						
120,0					120 — *Fond du Forage*	

mis à jour par *A. Achachi "A.N.R.H* le *OCTOBRE 1998*

Chapitre 5 : Analyse de la première réponse thermique du sol en Algérie

Les pompes à chaleur source sol (GSHP) sont très attractives comme système de chauffage et de refroidissement. La conception optimale d'une sonde géothermique, et la partie extérieure d'une pompe géothermique comme système de chauffage, exigent la connaissance des propriétés thermiques du sol. Ces données, à savoir: la conductivité thermique effective du sol λ_{eff} et la température moyenne du sol T_0, nous permettent de déterminer la profondeur nécessaire des forages (pénétration). La détermination de la conductivité thermique du sol en laboratoire n'a pas l'habitude de coïncider avec les données expérimentales in situ. Par conséquent, une méthode in situ de la détermination expérimentale de ces paramètres : le test de la première réponse thermique du sol (TRT) est principalement utilisé pour la détermination in situ des données de conception pour les systèmes BHE (transfert et échange de chaleur des trous de forage). Dans l'étude actuelle, la première réponse thermique du sol en Algérie (Tlemcen site), le but est de déterminer la conductivité thermique effective du sol. La méthode utilisée et l'évaluation effectuée sont présentées pour un puits foré dans un terrain argileux, de limon et de sable. La conductivité thermique effective du sol serait 1,364 W / mK et la résistance thermique de forage a été de 0,18 K / (W / m).

Mots Clés: *Test de la réponse thermique, conductivité thermique, conductivité du sol, pompe à chaleur source sol.*

Etat de l'art:

Les pompes à chaleurs source sol (GSHP) sont vite devenues une technologie de pointe pour répondre aux besoins de chauffage et de refroidissement des bâtiments. Ces systèmes ont un fort potentiel d'efficacité énergétique qui se traduit par des avantages environnementaux et économiques. L'efficacité énergétique des systèmes de ces pompes peut être encore améliorée par la conception optimale du système de forage. Les données de tests de réponse thermique sont utilisées pour évaluer la température du sol, la conductivité thermique du sol ainsi que les valeurs des résistances thermiques de tous les forages.

Mogensen [1] d'abord présenté le test de réponse thermique comme méthode pour déterminer les valeurs en place, de la conductivité thermique du sol et la résistance thermique dans les systèmes BHE. La méthode Mogensen a été utilisé à plusieurs reprises afin d'évaluer les systèmes BHE existants. Les premiers appareils de mesure mobile pour les tests de réponse thermique ont été construits de façon indépendante en Suède et aux USA en 1995 ; cette technologie a été utilisée dans un certain nombre de pays.

En général, huit pays (Suède, Canada, Allemagne, Pays-Bas, Norvège, Turquie, Royaume-Uni et USA) ont développé cette technique. Récemment, la France et la Suisse ont débuté à user cette méthode. Le dispositif d'essai de la TRT en Suède « TED », a été construit à Luleå University of Technology de 1995 à 1996 [2]. À la fin de l'année 2000, l'Université de Çukurova en Turquie, a repris l'un des deux bancs d'essai suédois. Le design suédois TED a également été utilisé en Norvège [3] et au Canada [4] et a été l'inspiration des trois plates-formes qui sont en usage en Allemagne [5].

En Afrique, seule des études théoriques de TRT sont engagées à ce jour, notons ceux de Eswaisi A. et al. [6] ; à noter que même ces études ont été réalisées, en collaboration avec les initiateurs de la méthode: les suédois.

1. Introduction:

Le transfert de chaleur entre le fluide et la roche environnante dans les installations de la GSHP, dépend de l'arrangement de et du transfert de chaleur dans les trous de forage (BHE), la convection possible dans les puits, les propriétés thermiques de BHE ainsi que du matériel de remplissage du forage. Les résistances thermiques associés à ces différentes parties sont normalement ajoutées ensemble et s'appellent la résistance thermique du forage, définie Rb par (Hellström, 1991) [7].

Une méthode commune d'évaluation des performances de transfert de chaleur de BHE et les propriétés du sol est le test de réponse thermique (TRT), datant de 1983, lorsque Palne Mogensen [8], ainsi que deux étudiants de l'Institut Royal de Technologie (KTH) Suède, ont proposé et construit le premier testeur de réponse thermique du forage. Une puissance de refroidissement 2,7 kW constante a été appliquée au fluide de fonctionnement dans un BHE, tout en enregistrant la température du fluide ainsi que la puissance de refroidissement.

(Mogensen, 1983) [8] a conclu qu'il était possible de calculer Rb en plus de la conductivité thermique du sol. Plus tard, à la fin des années 90, les méthodes TRT ont été étudiées et plusieurs nouveaux articles ont été publiés par Gehlin et d'autres (par exemple Gehlin, 2002) [9]. Aujourd'hui, l'équipement le plus courant de la TRT se compose d'une plate-forme mobile contenant un chauffage électrique, une pompe, des capteurs de température et de débit. Habituellement, l'injection de chaleur est maintenue constante. De nombreux testeurs de réponse ont été construits à travers le monde et ils sont utilisés comme une procédure standard pour mesurer la conductivité thermique du sol dans les puits d'énergie et pour tester les performances BHE. Le résultat de TRT conventionnels est très utile et permet un dimensionnement plus précis (optimal) des installations BHE. Toutefois, il se contente de présenter une conductivité thermique moyenne du terrain environnant et une résistance thermique du forage assez moyenne.

La figure (1) représente la température du sol (de Tlemcen: Df=0.6939.10-6 /m²s⁻¹, à composition calcaires à lithothamniées riches en coquilles de fossiles [10-11]) en fonction de la profondeur à différentes périodes de l'année. Cette température peut être exprimée [12-14]:

$$T(t,z) = T_a + A_a.e^{-\frac{z}{d_0}}.\cos(2\pi.\frac{t}{t_0} - \frac{z}{d_0}) \dots (1)$$

Ou

$$d_0 = \sqrt{\frac{\lambda.t_0}{C.\pi}}$$

T(t,z	La température du sol à une profondeur h de la surface (°C)
T_a	La température ambiante moyenne (°C)
A_a	L'amplitude de la température de l'air (°C)
A_g	L'amplitude de la température du sol (°C)
T	Le temps sur une année (s)
t_o	La période de variation de la température (s), dans ce cas t_o=24*3600 s pour une Variation journalière, ou t_o=8760*24 pour une variation annuelle
d_o	Profondeur de la pénétration (m)
z	La profondeur (m)
λ	La conductivité thermique (W/m.K)
C	Capacité calorifique volumétrique (J/m³.k)

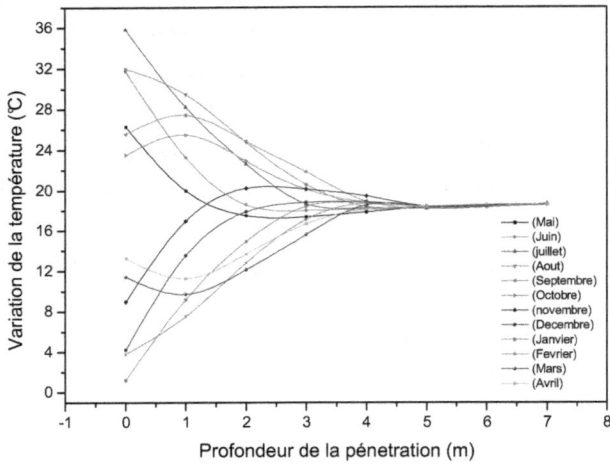

Figure 1: Variation de la température à travers le sol de Tlemcen (Terrain calcaireux) [15]

2. L'objectif de l'étude:

Dans cette étude, une installation expérimentale sera érigée afin de tester le sol du site; comme un échangeur de chaleur avec une pompe à chaleur.

L'objectif   de   cet   essai   est   d'évaluer   les   propriétés   suivantes:

- La conductivité thermique du sol k.

- La résistance thermique Rb entre le fluide caloporteur et la paroi du forage.

3. Théorie:

La façon la plus exacte de déterminer les propriétés thermiques, c.-à-d. la conductivité efficace du sol et la résistance thermique des forages, est appelée le teste de Réponse Thermique (TRT). Cette méthode a été présentée en premier par Mogensen (1983) [8], qui a proposé un arrangement simple avec une pompe de circulation, un refroidisseur ou radiateur avec un taux de puissance constante, et un enregistrement en continu des températures d'entrée et de sortie du trou de forage.

Il y a deux techniques analytiques analysant les résultats expérimentaux. Les deux sont basés sur la loi de Fourier de conduction de la chaleur:

1. basé sur la théorie de la source des lignes (les trous de forage, porteurs de chaleur) de Kelvin (LSM)

2. basé sur modèle de la source du cylindre (CSM).

La méthodologie LSM qui a été utilisée dans cette étude est un développement de la théorie de la source des lignes de Kelvin (Ingersoll et al, 1948) [14]. Dans cette méthode, les suppositions suivantes sont utilisées:

✓ La source de chaleur des lignes (les trous de forage, porteurs de chaleur) est supposé infiniment longue c.-à-d. conduction de chaleur pure radiale.

✓ La capacité de chaleur le long des lignes est constante.

✓ La température initiale moyenne est supposée uniforme.

3. a. Les bases théoriques:

Des solutions analytiques pour la conduction de chaleur dans un milieu homogène, et isotrope infinie, avec une source de chaleur linéaire, peut être obtenu à partir d'une solution particulière de l'équation générale de conduction de chaleur:

$$\frac{\partial^2 T}{\partial x^2} + \frac{\partial^2 T}{\partial y^2} + \frac{\partial^2 T}{\partial z^2} = \frac{1}{a}\frac{\partial T}{\partial t},\qquad(3)$$

Dans le cas des points (x', y', z') ; il y'a un point de source de chaleur instantanée [17],

La solution pour une telle ligne de source thermique, proposé par Ingersoll, donne les températures comme fonction de temps (t) à n'importe quelle distance (r) de la ligne comme suit :

$$T(t,r) = T_g + \frac{q}{2\pi.\lambda} \int_{\frac{r}{2\sqrt{\alpha.t}}}^{\infty} \frac{e^{-\beta^2}}{\beta} d\beta \qquad \dots\dots (4)$$

Quelques références [9] écrivent l'équation précédente dans une forme différente, même si mathématiquement elles sont les même:

$$T(t,r) = T_g + \frac{q}{4\pi.\lambda} \int_{\frac{r^2}{4\alpha.t}}^{\infty} \frac{e^{-\beta^2}}{\beta} d\beta$$

Tg   La température du sol (°C)

q   Capacité calorifique par unité de longueur de la ligne (les trous de forage, porteurs de chaleur) (W/m)

λ   Conductivité thermique du sol (W/m. °K)

α   Diffusivité thermique du sol (m²/s)

Ingersoll [16] affirme que l'Eq.4 est une solution exacte pour une vraie source de ligne, elle peut aussi être appliqué dans la plupart des systèmes de forage avec une erreur négligeable, après quelques heures d'opération c.-à-d. t>20r²/α, pour des petits diamètres de tubes ≤50 mm. Les résultats de LSM et le modèle numérique, qui considèrent des courants de chaleur dans les directions verticales et radiales pour un forage de longueur finie, montrent que les résultats de l'analyse numérique représentent 5% de moins que la valeur de la conductivité thermiques [18].

Beaucoup de chercheurs se sont rapprochés de l'intégration exacte de l'éq.4 qui utilise des expressions algébriques plus simples. Ingersoll [16], a présenté les approximations disposées sous forme de tableau, pendant que Cerf et Couvillion (1986), se sont rapprochés de l'intégration en supposant cela, comme un certain rayon de terre environnante, qui absorberait la chaleur repoussée par les trous de forage [19]. D'après Yavuzturk 1999, s'inspirant sur Ingersoll et al (1948), après t>25r²/4 du temps. L'Eq.4 peut être rapproché comme suit:

$$T(t,r) = T_g + \frac{q}{2\pi.\lambda}.I(X)$$

$$T(X) = 2.303.\log(\frac{1}{X}) + \frac{X^2}{2} - \frac{X^4}{8} - 0.2886 \quad \text{.... (5)}$$

$$X = \frac{r}{2\sqrt{\alpha.t}}$$

D'après Mogensen (1983) [8], pour t> 4r²/α, l'équation 4 peut être exprimée comme suit:

127

$$T(t,r) = T_g + \frac{q}{4\pi.\lambda} \cdot \left[\ln\left(\frac{4.a.t}{r^2}\right) - \gamma \right] + T_g \quad \text{.......(6)}$$

Ou γ est la constant d'Euler ($\gamma=0.5772$). Les équations 5 et 6 donnent le même résultat. Substituer une distance qui est égal au rayon du forage, Eq.6 représente la température du mur du forage:

$$T_b(t) = T_g + \frac{q}{4\pi.\lambda} \cdot \left[\ln\left(\frac{4.a.t}{r_b^2}\right) - \gamma \right] + T_g \quad \text{........(7)}$$

En supposant une résistance thermique R_b entre le porteur de chaleur à l'intérieur des pipe (tube) et le mur du forage, nous pouvons écrire:

$$T_f(t) - T_b(t) = R_b.q \quad \text{...........................(8)}$$

Eq. 7 & 8 donnent:

$$T_f(t) = \frac{q}{4\pi.\lambda} \cdot \left[\ln\left(\frac{4.a.t}{r_b^2}\right) - \gamma \right] + T_g + R_b.q \quad \text{.....(9)}$$

Comme nous pouvons voir à partir de l'Eq. (9), cette température du fluide est linéaire par rapport à ln(t), par conséquent elle peut être réarrangée sous une forme linéaire :

$$T_f(t) = \frac{q}{4\pi.\lambda}.\ln(t) + q \cdot \left[\frac{1}{4\pi.\lambda}\left(\ln\left(\frac{4.a}{r_b^2}\right) - \lambda \right) + R_b \right] + T_g \quad \text{.... (10)}$$

$$T_f(t) = K\ln(t) + m \quad \text{..............................(11)}$$

$$K = \frac{q}{4\pi.\lambda} \qquad m = q.\left[\frac{1}{4\pi.\lambda}\left(\ln\left(\frac{4.a}{r_b^2}\right) - \gamma \right) + R_b \right] + T_g \quad \text{... (12)}$$

A	Diffusivité thermique du sol (m²/s)
λ	Conductivité thermique du sol (W/m. °K)
r_b	Rayon du forage (m)
T_g	La température du sol initiale (K)
t	Temps de début (s)
q	Taux d'injection de chaleur par unité de longueur des puits de forage (W/m)
R_b	Résistance thermique (K.m/W)
γ	Nombre d'Euler (0.5772)

$T_f(t)$ moyenne arithmétique de la température du fluide entrant (T_{fin}) et la température du fluide sortant (T_{fout}) de l'échangeur de chaleur du forage au temps t

$$T_f(t) = \frac{T_{fin} + T_{fout}}{2} \quad \dots \dots (13)$$

En traçant la courbe du développement de la température moyenne du fluide en fonction de ln(t), la conductivité thermique du sol et la résistance thermique du forage peuvent être calculées. En premier, nous avons besoin de trouver les caractéristiques de la ligne dans Eq.10, c.-à-d. K et m, ainsi λ et R_b peuvent être calculés comme suit:

$$K = \frac{\Delta Y}{\Delta X} \qquad \lambda = \frac{q}{4\pi.K} \quad \dots \dots (14)$$

Cette valeur de la conductivité thermique efficace est utilisée pour calculer la résistance thermique:

$$R_b = \frac{m - T_g}{q} - \frac{1}{4\pi.\lambda}\left[\ln\left(\frac{4.a.t}{r_b^2}\right) - \gamma\right] \dots \dots \dots (15)$$

Par conséquent, les données de la réponse thermique, c.-à-d. le développement de la température dans les trous de forage à un certain taux d'injection/extraction d'énergie, nous permettent d'estimer la conductivité thermique efficace du sol et la résistance thermique du collecteur;

- ✓ Premièrement, nous avons besoin de vérifier la validité du modèle de la source de ligne. Rappelons que le (LSM) est valide pour un transfert de la chaleur pour une dimension (courant de chaleur radial); par conséquent, nous avons besoin de trouver le profil de la température du sol. La grande inclinaison (gradient) géothermique veut dire qu'il y aura un transfert de chaleur vertical, c.-à-d. LSM n'est pas valide.

- ✓ Deuxièmement, la température du sol est exigée. Cette température est la température moyenne à la moitié de la profondeur du forage active. La façon la plus facile de déterminer la température du sol est l'enregistrement du comportement de la température dans le forage ou par la circulation du porteur de la chaleur sans chauffer pour 10-30 minutes. La température fluide moyenne correspond à la température du sol.

✓ La dernière solution c'est d'allumer l'appareil de chauffage et procéder aux mesures 60-72 /heures. La présence de l'eau au sol, va permettre à la conductivité thermique sol et la résistance thermique du forage d'augmenter avec le temps [20, 21].

• Comme il faut un certain temps, avant que le BHE, se comporter comme une source de ligne idéale, les premières heures de données doivent être exclu de l'analyse [8]. Par conséquent, l'analyse commence après un temps t :

$$t > \frac{20.r_b^2}{\alpha} \dots\dots\dots\dots\dots\dots\dots (16)$$

• L'expérience doit être effectuée dans des conditions similaires aux conditions réelles c.à.d. du type de BHE, la profondeur de forage, diamètre de forage, le débit de fluide, et la moyenne de charge d'alimentation de la pompe à chaleur géothermique. La variation du taux d'écoulement du fluide affecte le nombre de Reynolds donc la résistance thermique.
Le changement de la charge moyenne du courant affecte la résistance thermique du forage [22] et la conductivité thermique effective [21]

• S'il y a un échec pendant l'expérience, nous devrions attendre la récupération de la température du sol jusqu'à 0.3 °C de sa température initiale. Nous supposer qu'un échec s'est produit après temps = t_1 du début. Le changement de la température du mur du forage serait alors:

$$\Delta T = \frac{q}{4\pi.\lambda} . \left[\ln\left(\frac{4.a.t_1}{r_b^2}\right) - \gamma \right] \dots\dots\dots\dots (17)$$

La ration du temps ΔT, entre le temps t exigé afin d'atteindre le point de récupération, après une pulsation du signal de longueur t_1 est donné par [23]:

$$\frac{t}{t_1} = \frac{1}{e^{\left(\frac{\Delta T^*.4\pi.\lambda}{q}\right)} - 1} \dots\dots\dots\dots\dots\dots (18)$$

Donc, pour une charge moyenne de 30 / Wm^{-1}, et un échec après 12/heures, puis le temps nécessaire jusqu'à ce que le changement de température de la paroi du puits atteindra Tb-Tg = 0,3 ° C : est ~ **43 heure.**

Les mesures ont été basés sur une supposition, que la conductivité thermique du sol de 3,5 / Wm^{-1}K^{-1}, la capacité C = 2.4.106 / Wm^{-1}, et la diffusivité thermiques du sol D$_f$ = 0.6939.10-6 / m² s^{-1} (sur le site Tlemcen), alors λ = C. Df = 1,66 / Wm^{-1}.K^{-1}), et le taux de d'injection de chaleur par unité de longueur de forage q = 60 / wm^{-1}.

La figure 2 représente la température moyenne théorique du fluide en fonction du temps. Par conséquent, la conductivité thermique peut être déterminée à partir de la pente de la ligne "k" résultante en traçant la température moyenne du fluide contre ln (t), figure (3).

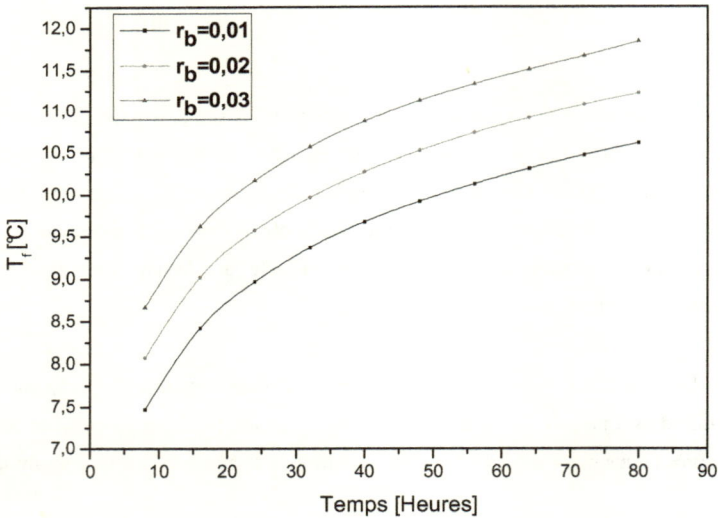

Figure2. La température moyenne théorique du fluide circulant à travers le forage, Eq. 10 avec λ=3.5 /Wm^{-1}K^{-1} et q=60/Wm^{-1}. [15]

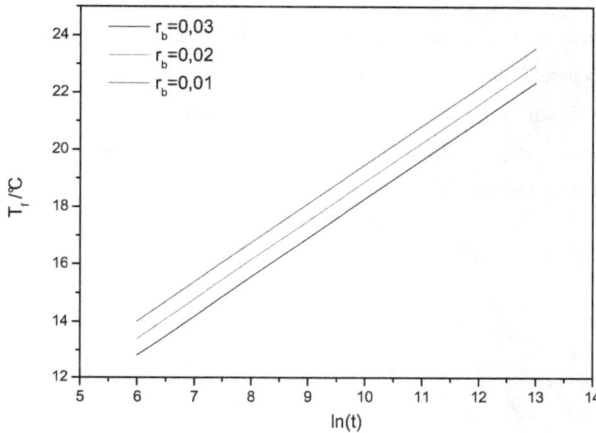

Figure 3. La température moyenne théorique du fluide circulant à travers le forage, Eq. 11 avec $\lambda=3.5$ /Wm^{-1}K^{-1} et q=60/Wm^{-1}. [15]

4.   Procédure expérimentale et résultats:

Contrairement aux équations théoriques dérivées précédemment, qui représentent la solution analytique pour le transfert de chaleur, dans un milieu infini avec une source de chaleur **en ligne**, avec un taux production de chaleur **constant**, situé dans l'axe d'un **cylindre infini** avec un rayon relativement **petit** ; la procédure expérimentale simule le transfert de chaleur dans un milieu semi-infini, aussi avec une source de chaleur en ligne donc le taux de production de chaleur est constant, qui est également situé dans l'axe d'un cylindre infini avec un rayon relativement petit. En outre, cette procédure ne prend pas en compte, ni le changement de température par la profondeur du sol, ni les changements de température quotidienne des couches superficielles du sol. Toutefois, étant donné que la source en ligne est très longue, que les changements de température par la profondeur de terre sont relativement faibles, et que les variations de température quotidiennes affectent très peu la profondeur du sol, on peut considérer que ces paramètres n'auront pas d'influence importante sur l'exactitude des résultats obtenus.

4.1. Description de l'installation expérimentale:

L'installation expérimentale qui a été utilisé afin d'effectuer un chauffage contrôlé, et de surveiller sa "réponse" thermique « pour déterminer la conductivité thermique effective du sol », est représentée sur la figure 4. Un échangeur de chaleur vertical, 60 / m de long, enfoui dans un plan vertical, forage 16.5/cm-diameter, par la suite rempli était situé dans la cour de l'Université Abou Bekr Belkaid de Tlemcen (ALGÉRIE).

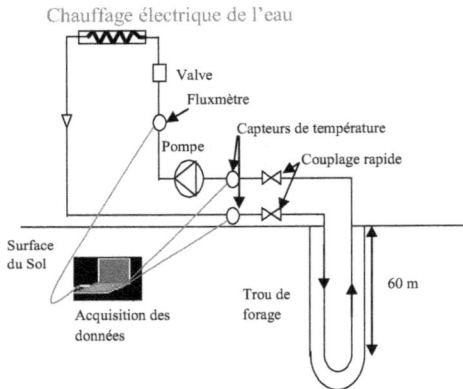

Figure 4: schéma de l'installation expérimentale

4.2. Procédure de mesure:

Comme déjà mentionné, afin de déterminer la conductivité thermique effective du sol par la TRT, il est nécessaire de connaître la température du sol non perturbé, le taux de production de chaleur de la source de chaleur q, et, enfin, de surveiller les changements de température de cette dernière (la source de chaleur).

La température du sol non perturbé est déterminée dans la phase précédente. Dans cette phase, la pompe à eau a été la seule qui fonctionnait, les changements de la température de l'eau à l'entrée, et à la sortie de la BHE (Trous de forage, porteurs et échangeurs d'énergie) ont été mesurés. Bien que cette phase a duré plus de 12 heures, il a été constaté, après seulement 20 minutes, que les valeurs des températures des deux écoulements d'eau, deviennent égales et se stabilisent à $T_0 = 17,55 / °$ C. Sur cette base, il a été conclu que la température moyenne au sol intact a précisément cette valeur.

Le taux de production de chaleur de la source de chaleur q a été déterminé dans la phase de chauffage du sol. Cette phase a débuté avec la chaudière électrique étant sous tension juste après la phase précédente. La phase de chauffage a duré 5 / jours. En fait, sur un total de 6 radiateurs électriques, seulement 3 ont été mis sous tension, fournissant environ 3x1.16 = 3,48 / Kw de puissance thermique. Dans le même temps, la valeur réelle du flux de chaleur réalisé au sol - le taux de production de chaleur de la source de chaleur q - qui a été mesurée et enregistrée à l'aide du débitmètre à ultrasons de chaleur, a une valeur moyenne un peu plus faible qui s'élevait à 3,489 / Kw (Fig. 5 et Fig. 7).

Les valeurs de température mesurées sont présentées dans la figure 7. La même figure montre également la température de l'eau mesurée après la phase de chauffage - après l'extinction de la chaudière, dans la phase de récupération - phase de récupération à l'état initial.

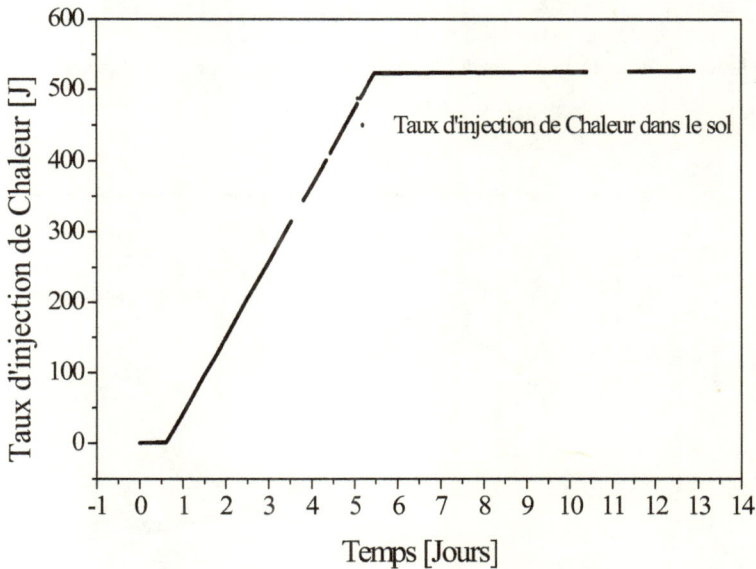

Figure 5. L'énergie thermique livrée au sol [15]

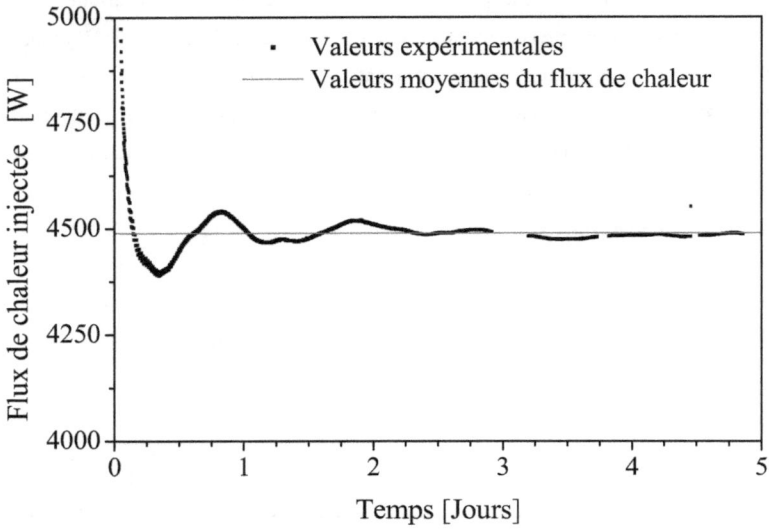

Figure 6. Changement de flux de chaleur vers le sol et sa valeur moyenne au cours de la phase de chauffage.

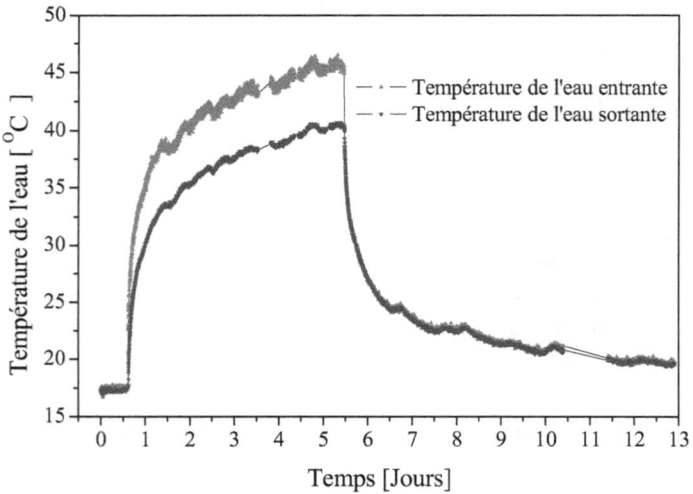

Figure 7. Changement de la température de l'eau. [15]

4.3. Traitement des données expérimentales:

Afin de recueillir les données expérimentales à affecter à la théorie décrite, et servant donc à déterminer la conductivité thermique du sol, d'abord, seules les données sur la température de l'eau à l'entrée de la BHE (Trous de forage, porteurs et échangeurs de chaleur) et la sortie ont été recueillies, et extraites au cours de la phase de chauffage. Puis, le changement de la température moyenne de l'eau circulant dans l'échangeur enterré (T_f) a été déterminé par le calcule la valeur moyenne arithmétique des données de température sélectionnées précédemment (T_{in} et T_{out}, Fig. 7).

Ensuite, ces données ont été transférées dans un système coordonné semi logarithmique (Fig. 9). Le programme OriginPro 8,0 a été utilisé afin de déterminer l'équation de la droite $T = k \ln t + C_1$, qui affiche des données expérimentales plus appropriées. Avec le coefficient de corrélation ray = 0,926 et un écart-type s = 0,358, la valeur de la direction de la ligne est ainsi déterminée k = 3,32 et la valeur du segment de l'ordonnée C_1 = -9,16

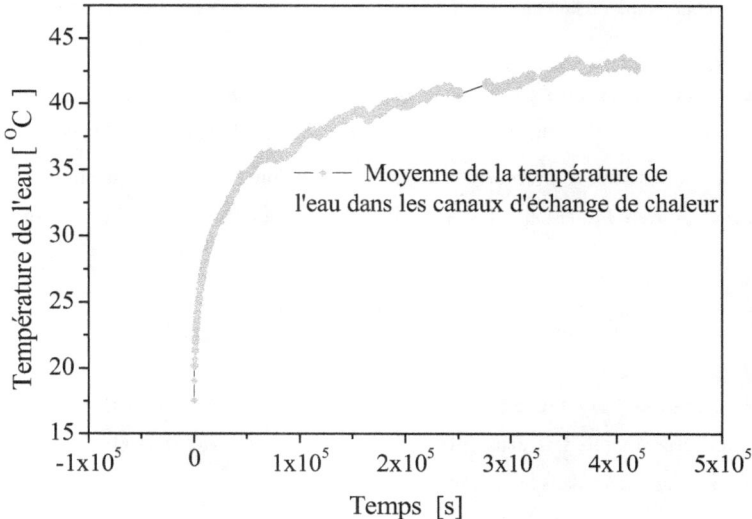

Figure 8: Changement de la température moyenne de l'eau dans l'échangeur de chaleur enterré, au cours de la phase de chauffage [15]

136

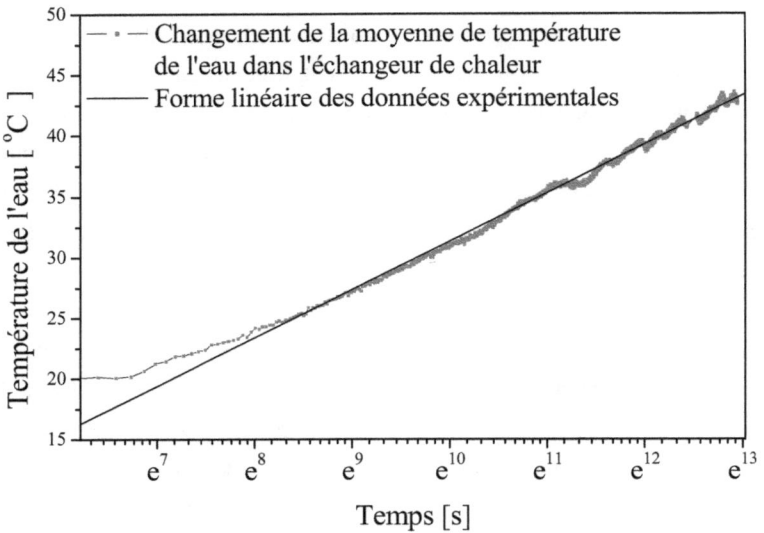

Figure 9 Changement de la température moyenne de l'eau dans l'échangeur de chaleur enterré, au cours de la phase de chauffage, tout en utilisant la fonction: $T = k \ln t + C_1$ [15]

En supposant que les tubes de l'échangeur enterré, forment un cylindre homogène isotrope et infini, avec le rayon r_b (dont le milieu de l'axe représente la source de chaleur linéaire), la constante est déterminée précédemment, dans la fonction décrite par l'équation 6. Sur cette base, et en utilisant l'équation 4, la conductivité thermique effective du sol est déterminé:

$$\lambda_{eff} = \frac{q}{4\pi.\lambda} = 1.364 / Wm^{-1}K^{-1}$$

Afin de vérifier l'exactitude du résultat obtenu et la fiabilité de la méthode elle-même, la TRT a été répétée trois fois dans le trou de forage à des intervalles de 60 jour. Les résultats obtenus sont présentés dans le tableau 1.

Nombre de mesures	λ_{eff}	T_0
1	1.364	17.55
2	1.378	17.05
3	1.352	16.55

Table 1: Valeurs expérimentales de la conductivité thermique effective du sol dans le même forage dans trois différentes TRT [15]

5. Conclusion :

Pour un forage d'essaie, la conductivité thermique effective du sol (λ) a été trouvé à 1,364 / $Wm^{-1}K^{-1}$ et la résistance thermique de forage (R_b) de 0,18 / KMW^{-1}). Ceci est en accord avec les valeurs pour le même type de couches de sol.

L'expérience a été effectuée immédiatement après le remplissage du puits, ce qui signifie que la densité du sol par le puits a été très peu comparer avec la paroi du puits, mesurée, la température du sol intact a été trouvée plus élevé que la normale; cette raison peut expliquer la faible valeur de la conductivité thermique efficace du sol.

Nous concluons que le test de réponse thermique est facilement faisable.

[1] - Mogensen P (1983). « *Fluid to Duct Wall Heat Transfer in Duct System Heat Storages* ». Proc. Int. Conf. On Subsurface Heat Storage in Theory and Practice. Stockholm, Sweden, June 6-8, 1983, p. 652-657.

[2] - Eklöf C., Gehlin S. TED (1996) - « *Mobile Equipment for Thermal Response Test* ». Master of Science Thesis 1996:198E, Luleå University of Technology, Sweden.

[3] - Skarphagen H. and Stene J. (1999), « *Geothermal Heat Pumps in Norway* ». IEA Heat Pump Centre Newsletter, Volume 17 – No1.

[4] - Cruickshanks F., Bardsley J., Williams H.R. (2000) « *In-Situ Measurement of Thermal Properties of Cunard Formation in a Borehole, Halifax, Nova Scotia* ». Proceedings of Terrastock, Stuttgart, Germany, August 28-September 1, 2000. pp. 171-175.

[5] - Sanner B., Reuss M., Mands E. (2000), « *Thermal Response Test – Experiences in Germany* ». Proceedings of Terrastock, Stuttgart, Germany, August 28-September 1, 2000. pp. 177-182.

[6] – A. Eswaisi, M A Muntasser, Bo Nordell (2009) « *First Thermal Response test in Libya* », Proceedings of the 11th Int. Conf. on Thermal Energy Storage; Effstock 2009 - Thermal Energy Storage for Energy Efficiency and Sustainability. Stockholm, Sweden, June 14-17 2009.

[7] - Hellström, G., Sanner, B., Klugescheid, M., Gonka, T. and Mårtensoon, S. (1997). « *Experience with the Borehole Heat Exchanger* » Software EED. Proc. MEGASTOCK 97, 247-252, Sapporo.

[8] –Mogensen P. (1983). « *Fluid to Duct Wall Heat Transfer in Duct System Heat Storage* ». Proc. Int. Conf. On Subsurface Heat Storage in Theory and Practice. Stockholm. Sweden, June 6-8 1983. PP: 652-657.

[9] – Gehlin, S. (2002). « *Thermal Response Test—Method Development and Evaluation* », Ph.D. Thesis, Department of Environmental Engineering, Luleå University of Technology, Sweden.

[10] – Hassiba Stambouli-Meziane, (2009). *« La diversité floristique de la végétation psammophile de la région de Tlemcen (nord–ouest Algérie) »*, Elsevier, C. R. Biologies 332, p.711–719

[11] – G. Anbalagan, P. R. Rajakumar and S. Gunasekaran (2010) *« Non-isothermal decomposition of Indian limestone of marine origin »*, Journal of Thermal Analysis and Calorimetry Volume 97, Number 3, 917-921, DOI: 10.1007/s10973-009-0002-y , Springer.

[12] – M. Grein, M. Kharseh, B. Nordell (2007). *« Large-scale Utilisation of Renewable Energy Requires Energy Storage »* Int. Conf. for Renewable Energies and Sustainable Development (ICRESD_07), Université Abou Bakr BELKAID –TLEMCEN; Algeria May, 21- 24, 2007

[13] - Massoud M. (2005). *« Engineering Thermofluids Thermodynamics, Fluid Mechanics, and Heat Transfer »*. University of Maryland, USA Ebook, Springer.

[14] - Al-Ajmi F., Loveday D.L., Hanby V.I. (2006). *« The Cooling Potential of Earth–Air Heat Exchangers for Domestic Buildings in a Desert Climate »*. Building and Environment; 41(3): 235–244

[15] - M A Boukli Hacene, N E Chabane Sari; *«Analysis of the first thermal response test in Algeria"*, Journal of thermal analysis and calorimetry, Springer. DOI: 10.1007/s10973-011-1635-1, Vol 104, Number3, published online May 18 2011

[16] – Ingersoll L. R., Zobel O. J. and Ingersoll A. C. (1948). *« Heat Conduction with Engineering, Geological and Other Applications. London (Thames and Hudson) »*, 1948. 3rd Edition. Pp. xiii, 325; 53 Figs., Tables. 32s.6d

[17] – Carslaw, H.S., Jaeger, J.C, (1959), *« Conduction of Heat in Solids »*, 2nd ed., Oxford University Press, Oxford, UK.

[18] – Berberich H., Fisch N., Hahne E. (1994). *« Field Experiments with a Signal Duct in Water Saturated Claystone »*. Proceeding of 6th International Conference on Thermal Energy Storage, Calorstock 94, August 22-25 1994, Espoo, Finland.

[19] – Javed S., Fahlén P., Claesson J. (2009). *«Vertical Ground Heat Exchangers: A Review of Heat Flow Models »*. The 11th International Conference on Thermal Energy Storage;

[20] – Yavuzturk C. (1999). *« Modeling of Vertical Ground Loop Heat Exchangers for Ground Source Heat Pump Systems »*. Doctoral thesis. Oklahoma State University

[21] – Gehlin S., Hellström G., Nordell B. (2003). *«The Influence of the Thermosiphon Effect on the Thermal Response Test»*. Renewable Energy 2003; 28(14): 2239–2254

[22] – Gustafsson A-M., Gehlin S. (2008). *«Influence of Natural Convection in Water-Filled Boreholes for GCHP»*. ASHRAE Transactions2008; 114 (1): 416-423

[23] – Eskilson P. (1987). *«Thermal Analysis of Heat Extraction Boreholes»*. Doctoral Thesis. University of Lund, Sweden.

Chapitre 6 : Effets du réchauffement climatique sur l'évolution de la température du sol (cas de la ville de Tlemcen en Algérie)

La température moyenne de la Terre dans son ensemble n'est pas stable mais varie avec le temps, comme en témoigne l'analyse des couches géologiques. Notre planète a été plus froid de dix degrés par exemple il ya 20000 années, au cours de la levée de la dernière ère glaciaire. Ces variations sont encore très lentes, et la température a fluctué que de 0,2 degrés entre l'an mil, et la fin du XIXe siècle [1]. Le fait qui inquiète la communauté internationale à l'heure actuelle est l'accélération du phénomène, qui se produit maintenant à un rythme inégalé dans le passé. Ainsi, depuis la fin du XIXe siècle, il ya cent ans, la température mondiale moyenne a augmenté de 0,6 degrés. Pire encore, les simulations sur ordinateur suggèrent que le réchauffement va s'accélérer et la température moyenne pourrait donc augmenter de 1,4 à 5,8 degrés d'ici la fin du siècle. C'est ce phénomène appelé réchauffement de la planète (climatique).

Dans cette étude, les effets du réchauffement climatique sur la température du sol de Tlemcen (Afrique du Nord), a été évaluée par l'analyse des variations spatiales et temporelles des données de température du sol. Le but de cette étude est de définir une équation, qui introduit le domaine de la température du sol en fonction de la profondeur, le temps, et les propriétés thermiques du sol, dans une région où le réchauffement global local est connu. Pour atteindre cet objectif, la solution numérique de l'équation de conduction de chaleur en général, et des programmes spéciaux ont été utilisés. L'intégration de la fonction dérivée pourrait être utilisée pour déterminer l'accumulation de chaleur dans le sol à la suite du réchauffement climatique. Notez que ce travail suit le même axe que celui effectué par Kharseh (2009) [2].

Mots clés: Réchauffement climatique, température du sol, profondeur, propriétés thermiques du sol.

1. INTRODUCTION:

L'influence humaine sur le climat a atteint une échelle mondiale. Cela reflète l'augmentation récente et rapide du nombre de la population (l'explosion démographique 7 milliards d'individus en octobre 2011), la consommation d'énergie, l'intensité d'utilisation des terres et de nombreuses autres activités humaines. L'augmentation de la température de surface au cours du 20e siècle dans l'hémisphère Nord est susceptible d'avoir été plus grande que celle de tout autre siècle dans les mille dernières années [3].

Effet du réchauffement climatique sur l'évolution de la température du sol (cas de la ville de Tlemcen en Algérie)

Selon un scénario optimiste dans le quatrième rapport du Groupe d'experts intergouvernemental sur les changements climatiques [4], la température s'élèvera de 4,4 °C en un siècle, et selon un scénario pessimiste l'augmentation sera de 6,4 ° C. Dans le rapport, il est prévu que la température augmentera moyennement 0,2 ° C dans chaque décennie à venir, et même la concentration des gaz à effet de serre qui s'étais fixée aux années 2000 une augmentation de 0,1 °C/10 ans ne peut être empêché, en raison de la longue vie de ces gaz dans l'atmosphère. Dans le rapport il est indiqué que la productivité végétale devrait diminuer dans la plupart des régions du monde à cause du réchauffement de quelques ° C.

Le réchauffement climatique engendre la hausse des températures de l'air, et par conséquent, le sol se réchauffe. Dans plusieurs systèmes énergétiques, tels que la pompe a chaleur source sol (GSHP), ou le terrain est utilisé comme une source de chaleur, ou comme dissipateur de chaleur ou même comme un moyen de stockage d'énergie thermique. Par conséquent, l'efficacité de la performance de ces systèmes sera touchée par le réchauffement climatique.

La température annuelle de l'air varie en fonction du temps t selon l'équation (1) [5], en supposant une température moyenne de l'air Ta = 18,55 ° C, T = température amplitude 17,05 ° C, pendant la période t_0 = 1 an (Fig.1)

$$. T(t) = T_a + A_a . \cos(2\pi . \frac{t}{t_0}) \quad \ldots\ldots..(1) \, [5]$$

La température du sol à une certain profondeur h (m), avec une conductivité thermique λ (W/m.K) et une capacité thermique volumétrique C (J/m^3.k), varies sinusoïdalement, mais avec une nouvelle amplitude et une variation de temps ϕ selon l'équation (2) [5], et rapportée sur la Figure (1).

$$T(t,z) = T_a + A_a . e^{-\frac{z}{d_0}} . \cos(2\pi . \frac{t}{t_0} - \frac{z}{d_0}) \quad \ldots..(2) \, [5]$$

Ou d_0, représente la profondeur de pénétration, et donnée par:

$$d_0 = \sqrt{\frac{\lambda . t_0}{C . \pi}} \quad \ldots\ldots\ldots\ldots\ldots\ldots\ldots..(3)$$

La comparaison entre les équations (1) et (2), indique que l'amplitude de la température de la croute terrestre serait amortie, aussi que la variation du temps dépendrait de la profondeur, de la conductivité thermique et de la capacité thermique volumétrique du sol. La variation du temps est donnée par:

$$\phi = t_2 - t_1 = \frac{h}{2}\sqrt{\frac{C.t_0}{\lambda.\pi}} \quad \ldots\ldots\ldots\ldots(4)\ [5]$$

Tandis que l'amplitude de la température à travers la croute terrestre à une profondeur h est:

$$\Delta T_g = \Delta T_a.e^{\frac{-h}{d_0}} = \Delta T_a.e^{\frac{-h}{\sqrt{\frac{\lambda.t_0}{C.\pi}}}} \quad \ldots\ldots\ldots\ldots\ (5)$$

La figure 2 représente le champ de la température à travers le sol durant une année entière. Nous remarquons que la température du sol varie en fonction du temps et diminue avec la profondeur jusqu'à ce que cette variation «disparaisse» après environ 8 m. A noter que l'effet de l'oscillation de la température de l'air à la surface est négligeable en dessous d'une certaine profondeur du sol. Il convient de signaler toutefois que la température augmente généralement avec la profondeur du sol, ceci est dû grâce à l'effet du flux de chaleur géothermique. La figure 3 représente la variation du champ de température, y compris le gradient géothermique.

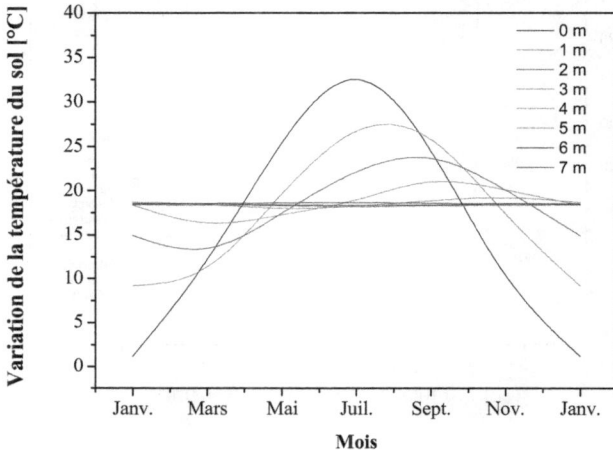

Figure 1: Variation de la température à différents profondeurs (Ville de Tlemcen)

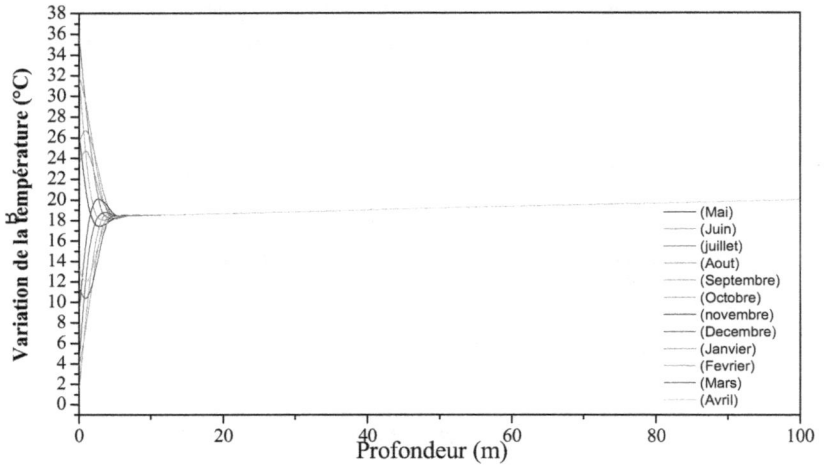

Figure 2: Domaine de variation de la température à travers le sol en tenant compte du gradient géothermique (Ville de Tlemcen)

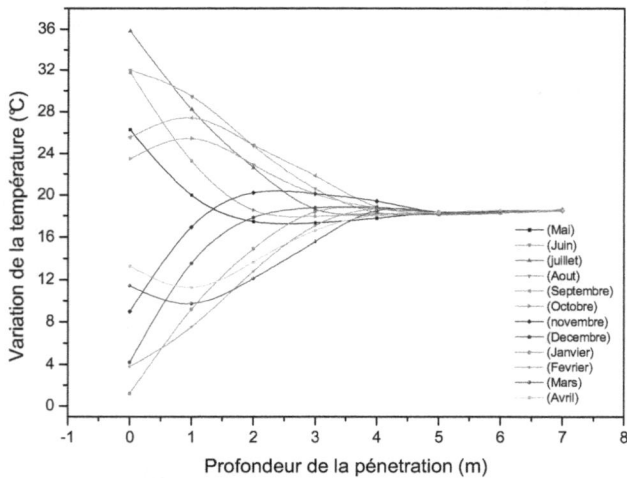

Figure 3: Domaine de variation de la température à travers le sol sans tenir compte du gradient géothermique (Ville de Tlemcen) [6]

En prenant comme point de départ la méthode de calcul numérique, et s'inspirant du travail effectué par M Kharseh et B Nordell [7], nous pouvons calculer le développement de la température du sol au fil du temps, en raison du réchauffement climatique. Toutefois, l'objectif de cette étude est de dériver une équation qui exprime la variation de la température du sol en fonction de la profondeur, des propriétés thermiques du sol, du flux de chaleur géothermique, ainsi que l'augmentation de la température de l'air locale, depuis le début du réchauffement climatique en 1900.

2. SOLUTION NUMERIQUE DE L'EQUATION DE CONDUCTION DE LA CHALEUR:

Dans le cas particulier, où les propriétés thermiques peuvent être considérées comme constantes, en l'absence de toute production de chaleur interne, l'équation de conduction de chaleur peut être simplifiée pour obtenir l'équation générale de conduction de chaleur:

$$\nabla^2 T = \frac{1}{\alpha}\frac{\partial T}{\partial \tau} \dots \dots \dots \dots \dots (6)$$

La méthode d'Euler a été utilisée pour la solution numérique de cette équation. Nous déterminons la température du sol à une profondeur 'h', et temps 'τ' après 1900, dans deux régions différentes, où λ et α sont respectivement 2,2 W / mK et 1,10 à 6 m²/s. La température moyenne de l'air fixé à 17,55 ° C, la température globale change linéairement depuis 1900 à 3 et ° 6. Le résultat de cette solution numérique est illustré aux figures 4 et 5.

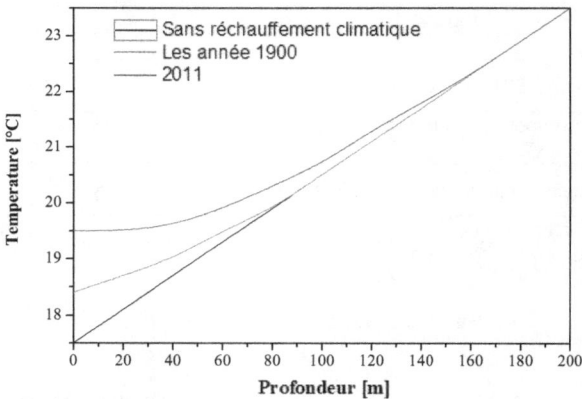

Figure 4: Développement de la température du sol à Tlemcen depuis 1900 (Pour Réch. Clim. de 3°C)

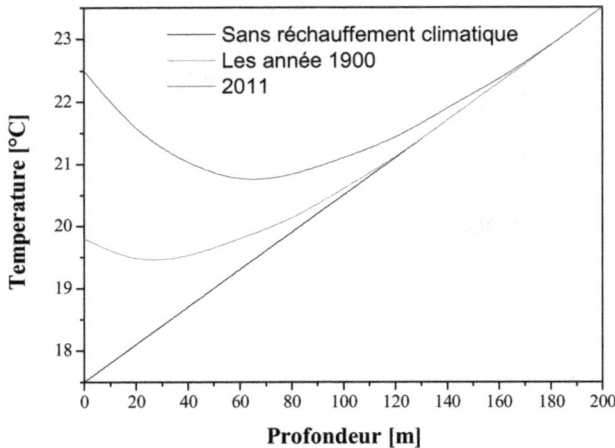

Figure 5: Développement de la température du sol à Tlemcen depuis 1900 (Pour Réch. Clim. de 6°C).

3. LE CONCEPT GENERALE DU CHAMP DE LA TEMPERATURE:

Afin de connaitre le concept élémentaire de l'équation donnant la température du sol, le théorème de Buckingham's π [8 - 9] à été appliqué comme solution générale. Les variables dimensionnelles de base sont données sur le Tableau (1). Le nombre de variables utilisées est de n=7.

∇T	Gradient géothermique	$\{\nabla T\} = \{\Theta/L\}$
t	Temps	$\{t\} = \{S\}$
λ	Conductivité Thermique du Sol (W/mK)	$\{\lambda\} = \{ML/S^3\Theta\}$
ΔT	Réchauffement globale local ou augmentation de la température de l'air (°C)	$\{\Delta T\} = \{\Theta\}$
ρc	Capacité thermique volumétrique du sol (J/m³ K)	$\{\rho c\} = \{M/L\Theta S^2\}$
h	Profondeur du sol (m)	$\{h\} = \{L\}$
T	Température du Sol (°C)	$\{T\} = \{\Theta\}$

Tableau 1: Les variables dimensionnelles de base

Ces variables sont exprimables en termes de k = 4 quantités physiques fondamentale indépendante (mètre L, de masse M, la température K, et le temps S). Théorème de Buckingham fournit j = n - k = 3 nombres adimensionnels indépendants. Cela veut dire, que l'expression est équivalente à une équation à variables sans dimension (π_1, π_2, π_3) construite à partir des variables d'origine.

D'après le tableau 1, il est évident qu'il existe quatre dimensions principales impliquées: M, L, K et S. [6] Par conséquent, nous pouvons sélectionner un ensemble de quatre paramètres dimensionnels qui comprennent toutes les dimensions principales impliquées dans ce problème comme expliqué ci-dessus. Dans ce cas, λ, ΔT, t et h ont été sélectionnés. Adimensionnels groupes π, est mis en place en combinant des paramètres sélectionnés, avec les autres paramètres (T, ρc) comme suit:

$$\pi_1 = \lambda^a . \Delta T^b . t . h^d . T \quad ....(7)$$

$$\pi_2 = \lambda^a . \Delta T^b . t . h^d . \rho c \quad ....(8)$$

$$\pi_3 = \lambda^a . \Delta T^b . t . h^d . \nabla T \quad ....(9)$$

Dans ce groupe a, b, c, d et les exposants sont nécessaires pour la non-dimensionalisation du groupe, qui est déterminé comme suit:

$$(\text{ML/S}^3\Theta)^a . (\theta)^b . (S)^c . (L)^d . \theta \equiv M^0 L^0 S^0 \theta^0 \quad .... (10)$$

Similairement, les groupes π_2 et π_3 peuvent être exprimés comme suit:

$$(\text{ML/S}^3\Theta)^a . (\theta)^b . (S)^c . (L)^d . (M/L\theta S^2) \equiv M^0 L^0 S^0 \theta^0 ....(11)$$

$$(\text{ML/S}^3\Theta)^a . (\theta)^b . (S)^c . (L)^d . (\theta/L) \equiv M^0 L^0 S^0 \theta^0 ....(12)$$

En trouvant les constantes a, b, c, et d, π_1, π_2 et π_3 peuvent être exprimés par:

$$\pi_1 = \frac{T}{\Delta T} ....(13)$$

$$\pi_2 = \frac{h^2 . \rho c}{\lambda . t} = \frac{h^2}{\alpha . t} ....(14)$$

$$\pi_3 = \frac{\nabla T . h}{\Delta T} ....(15)$$

La relation fonctionnelle entre π_1, π_2 et π_3 peut être écrite:

$$\pi_1 = f(\pi_2, \pi_3) = \frac{T}{\Delta T} = f\left(\frac{\lambda.t}{h^2.\rho c}, \frac{\nabla T.h}{\Delta T}\right)...(16)$$

Le second terme π_2 représentant des nombres sans dimensions connus sous l'inverse des nombres de Fourier (1/Fo), tandis que le troisième π_3 dans cette étude sera dénommé Kh.

$$\frac{h^2}{\alpha.t} = \frac{1}{F_0} \ldots..............................(17)$$

$$\frac{\nabla T.h}{\Delta T} = Kh..............................(18)$$

La température du sol, à une certaine profondeur h, après un temps τ du début du réchauffement climatique, est donnée en fonction du nombre de Fourier et Kh selon:

$$T(h, t) = \Delta T.f\left(\frac{1}{F_0}, Kh\right)..................(19)$$

Notre but est de déterminer f (1/Fo.Kh) et d'exprimer la température du sol sous les termes T=ΔT.f (1/Fo, Kh), qui est maintenant réduite à trouver f (1/Fo, Kh). Une solution numérique de l'équation de conduction de la chaleur à été utilisée afin de déterminer la température du sol à différentes profondeurs depuis 1900.

4. RESULTATS ET DISCUTIONS:

Empiriquement cette fonction f (1/Fo, Kh) à été trouvée [6], qui donne la meilleure corrélation avec la solution numérique de l'équation 4,

$$f\left(\frac{1}{F_0}, Kh\right) = (T_a - \Delta T + \nabla T.h) + \Delta T.\left(\frac{\nabla T.h}{\Delta T} + 1\right).(1 - \Delta T^{-0.028})^{\frac{h}{2\sqrt{\alpha.t}}} ...(20)$$

Comme résultat, la température du sol en fonction de la profondeur et le temps est :

$$T(h, t) = (T_a - \Delta T + \nabla T.h) = \Delta T.\left(\frac{\nabla T.h}{\Delta T} + 1\right).(1 - \Delta T^{-0.028})^{\frac{h}{2\sqrt{\alpha.t}}} ....(21)$$

T (h, t)   La température à travers la croute terrestre en fonction de la profondeur et du temps (°C)

T_a Moyenne de la température de l'air (°C)

h   Profondeur (m)

ΔT Réchauffement climatique local (°C)

α Diffusivité thermique (m²/s)

t   Temps (s)

∇T Gradient de température (°C/m), dépendant du flux géothermique et la conductivité thermique de la croute terrestre par l'utilisation de l'équation: $\nabla T = \frac{q}{\lambda}$

Les solutions numériques et analytiques sont compares dans les Figures 6 & 7, dans lesquelles les résultats sont illustrés pour les hypothèses suivantes; Température moyenne de l'air Ta=17.55 °C, Réchauffement climatique local est respectivement ΔT=3 et 6°C, temps =111 ans (en secondes), flux de chaleur géothermique q=0.038 W/m², conductivité thermique λ=2.2 W/m.K, et la diffusivité α=1.10-6 m²/s.

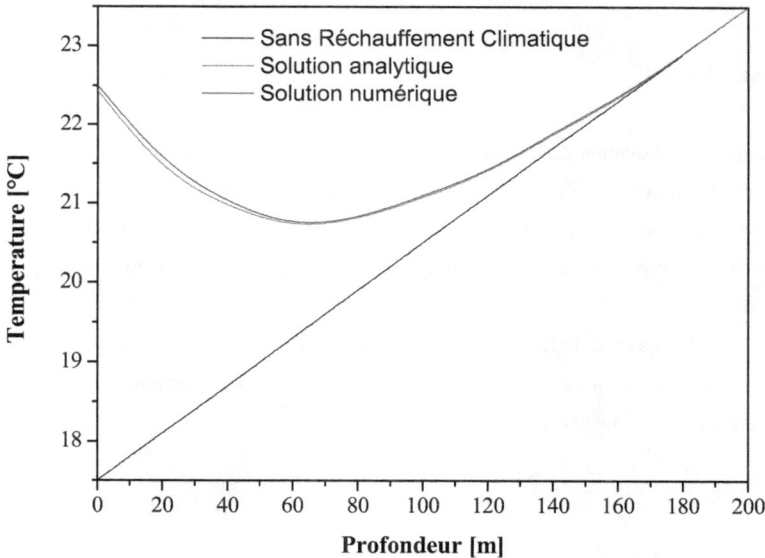

Figure 6: Comparaison entre les solutions analytique et numérique (Température du sol si le Réchauffement Climatique est de 6°C).

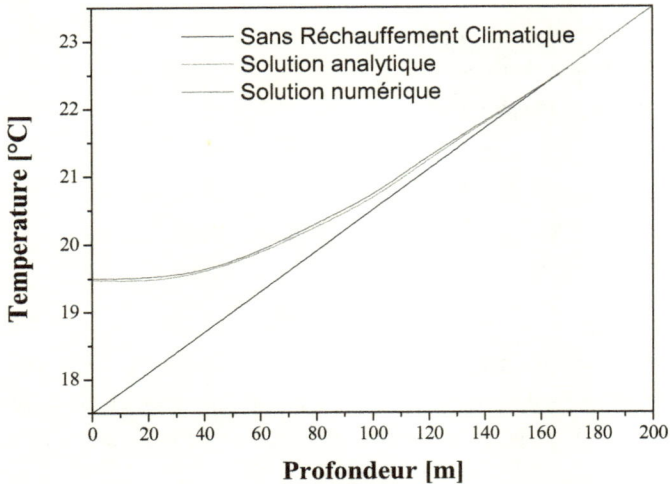

Figure 7: Comparaison entre les solutions analytique et numérique (Température du sol si le Réchauffement Climatique est de 3°C).

5. CONCLUSION:

Nous avons appliqué l'équation dérivée, afin d'expliquer l'augmentation de la température du sol, par le réchauffement climatique, cas de Tlemcen (nord de l'Afrique). Cette fonction a montré un excellent accord, en comparaison avec les solutions numériques. Cette équation serait utile dans toutes les situations où la température du sol est d'une importance; aussi, plus généralement, de comprendre l'effet du réchauffement climatique.

Après cette étude, les travaux de Kharseh qui a effectué le même travail sur le sol syrien peuvent êtres validés, même si la composition du sol n'est pas la même, et les températures sont différentes, les résultats obtenus ont la même apparence.

[1] – Oliver Esslinger (2009). *«Le réchauffement climatique »*, Introduction à l'astronomie.

[2] – M Kharseh (2009). « *Reduction of Prime Energy Consumption in the Middle East by GSHP Systems* ».

[3] - IPCC (2007). « *1. Observed changes in climate and their effects. In (section): Summary for Policymakers. In (book): Climate Change 2007: Synthesis Report. Contribution of Working Groups I, II and III to the Fourth Assessment Report of the Intergovernmental Panel on Climate Change (Core Writing Team, Pachauri, R.K and Reisinger, A. (eds.))»*. Book publisher: IPCC, Geneva, Switzerland.

[4] - Intergovernmental Panel on Climate Change (2001). « *Atmospheric Chemistry and Greenhouse Gases »*. Climate Change 2001: The Scientific Basis. Cambridge, UK: Cambridge University Press. ISBN 0-521-01495-6.

[5] - Mahmoud Massoud (2005). *«Engineering Thermofluids Thermodynamics, Fluid Mechanics, and Heat Transfer »*. University of Maryland, USA.

[6] - M A Boukli Hacene, N E Chabane Sari; (2011) *«Analysis of the first thermal response test in Algeria"*, Journal of thermal analysis and calorimetry, Springer. DOI: 10.1007/s10973-011-1635-1, Vol 104, Number3, published online May 18 2011

[7] - M Kharseh and B Nordell (2009), *«Analysis of the Effect of Global Warning on Ground Temperature»*, Submitted to the journal Applied Thermal Engineering.

[8] - Hanche-Olsen, Harald (2004). *«Buckingham's pi-theorem »*.NTNU.

[9] - Buckingham, E. (1914): *«On physically similar systems. Illustrations of the use of dimensional equations»*. Physical Review 4, 345-376

Notre pays doit faire face à une pénurie prévisible d'énergies fossiles et aux conséquences de leur utilisation jusque là insouciante. On est donc obligé aujourd'hui de développer des techniques innovantes pour apporter des solutions au moins partielles à la double problématique de l'utilisation des ressources et de la lutte contre la pollution. Le secteur du logement porte une part non négligeable des responsabilités en la matière.

Le contexte actuel est celui d'un renchérissement continu des prix de l'énergie, après le tremblement de terre au Japon, les guerres révolutionnaires au monde arabe «Libye, Syrie…..», la guerre interethnique au Nigéria, la demande en pétrole n'à cessé d'augmenter, pouvant même atteindre le prix record d'octobre 2008 de 150 $ le baril. Malheureusement ces prix hallucinants ne peuvent se stabiliser, puisque la chute libre des prix est imminente, et comme l'économie et les finances de notre pays dépendent que des revenues pétrolières à plus de 96%, l'effet domino pourrait être fatal à notre société. Ceci dit il est temps de concevoir, d'innover et surtout de développer des techniques permettant à notre pays de préserver ses ressources, limiter la consommation d'énergie tout en ayant une base socio-économique assez solide (créations d'emploi/développement de l'économie).

De notre coté, la seul contribution que nous pouvons apporter c'est le développement d'une technique de construction moins consommatrice d'énergie, moins polluante, et surtout plus économe qui n'est autre que la construction écologique.

Le travail de thèse présenté dans ce mémoire a été l'occasion de réaliser une synthèse des concepts de bâtiments écologiques performants, de proposer une définition de l'habitat écologique, d'identifier et d'affiner des outils de calcul et des méthodes d'analyse spécifiquement adaptées à l'étude des bilans énergétiques, économiques et environnementaux de bâtiments. Dans ce cadre, nous avons les modélisations d'un habitat écologique à été développé. Il a débouché sur la réalisation de modules de calcul par le programme. Ma thèse consiste aussi à rechercher les meilleurs moyens pour un rendement positif et efficace tant sur le plan énergétique, qu'économique et environnemental ; lors d'une construction d'une maison écologique en comparaison avec une maison classique. Et ceci en utilisant des matériaux de longue durée de vie, respectant l'environnement, à faible rejet de gaz a effets de serre et à faible coefficient de transmission thermique (comme le bois dans notre cas). L'orientation architecturale doit tenir compte du rayonnement solaire en été comme en hiver.

153

Pour le bilan énergétique nous avons utilisé la GSHP (Ground Source Heat Pump qui tient compte de la température du sol) comme système de chauffage et de refroidissement, et le comparer avec celui des anciens systèmes, mais pour cela nous devrions déterminer la conductivité thermique effective du sol, et c'est pour cela que la TRT (La première réponse thermique du sol) à été entreprise dans cette thèse

Le Bilan économique a été établi en fonction du budget investi et son temps de retour comme bénéfice c'est-à-dire un rendement positif, en comparant les budgets déployés dans une maison classique et une maison écologique.

Enfin nous avons étudié les effets du réchauffement climatique sur la température du sol de Tlemcen (Afrique du Nord), l'étude a été évaluée par l'analyse des variations spatiales et temporelles des données de température du sol. Le but est de définir une équation, qui introduit le domaine de la température du sol en fonction de la profondeur, le temps, et les propriétés thermiques du sol, dans une région où le réchauffement global local est connu.

Notre politique doit s'engager encore plus dans l'investissement lié au développement durable, et spécialement a la construction écologique, surtout que le prix actuel du baril de pétrole ne cesse d'augmenter, pouvant même atteindre selon les spécialistes un niveau record. Les bénéfices de cet investissement se traduisent par des développements énergétiques et socio-économiques, tels que la réduction de la consommation, donc baisse de la facture énergétique des ménages et de l'état, la création des milliers d'emplois liés directement ou indirectement à la conception écologique, puisqu'à ce titre, les résultats obtenus, ont démontré une certaine satisfaction liée au rapport des matériaux utilisées, l'isolation, les coût et le bilan énergétique, ce qui implique de réduire les coûts énergétiques dans le temps et d'utiliser des énergies renouvelables telles que la température du sol ou les rayonnements solaires. Ce type de construction demande un coût plus important lors de la réalisation, mais dans le temps, ces bâtiments auront besoin de moins d'énergie pour chauffer, éclairer…ce qui représentent des économies à côté des autres habitats. Ainsi donc, l'habitat écologique est plus, une question de choix que de moyens, et qui rentre dans le cadre du développement durable.

Comme perspectives : Pouvoir réaliser une maison pareille dans notre pays, surtout avec un climat très favorable comme le notre, tout en utilisant les matériaux et les techniques citées au paravent, telles que: le puits canadien, la VMC, les cellules photovoltaïques avec une éventuelle vente du surplus au réseau public, la récupération des eaux de pluie, et même le recyclage des eaux usées.

- Diminuer nos dépenses de chauffage, et ainsi assurer une certaine indépendance énergétique, est en effet alléchant. Surtout si on contribue par la même occasion à mieux préserver l'environnement…

www.ingramcontent.com/pod-product-compliance
Lightning Source LLC
Chambersburg PA
CBHW021056210326
41598CB00016B/1223